后现代丛书·建筑系列
20—21世纪建筑大师的精彩表演

The great masters' architecture
后现代巨匠建筑

尹国均 编著

重庆出版集团 重庆出版社

图书在版编目（CIP）数据

后现代巨匠建筑/尹国均编著.—重庆：重庆出版社，2008.11
ISBN 978-7-229-00053-0

Ⅰ.后… Ⅱ.尹… Ⅲ.B2 Ⅵ.B2

中国版本图书馆CIP数据核字（2008）第155965号

后现代巨匠建筑
HOUXIANDAI JUJIANG JIANZHU

尹国均　编著

出 版 人：罗小卫
责任编辑：张　跃　郑文武
特约编辑：唐玉祥
责任校对：周志军
装帧设计：重庆鼠橡文化传播有限公司

重庆出版集团
重庆出版社　出版

重庆长江二路205号　邮编：400016　http://www.cqph.com
重庆长虹印务有限公司印制
重庆出版集团图书发行有限公司发行
E-mail:fxchu@cqph.com　邮购电话:023-68809452
全国新华书店经销

开本：787mm×1 092mm　1/16　印张：16.5
2008年11月第1版　　2008年11月第1次印刷
定价：50.00元

如有印装质量问题，请向本集团图书发行有限公司调换：023-68706683

版权所有　　侵权必究

前　言

后现代主义就其对所论对象的细分而言，已充满着对前人的大不敬和对未来的狂妄。当宗教的罩衣从人类身上揭去之时，人道代替了神道，我们从此获得了解放，我们也得到了前所未有的真诚面对先辈的机会，历史给了我们反省的空间。

后现代主义始于我们对居住空间的构想，从后现代主义建筑起程，就在二十世纪六七十年代的美国和法国，并以此为源头迅速地蔓延到其他西方发达国家，因此它也被打上了资本主义文化的标签。作为建筑、人的存在空间，后现代艺术我们是无法逃避的，建筑这方田地也就成了各种"主义学"滋生的沃土。对后现代主义的描述空间包括了观念、态度、认识、思维、知识、行为等，世界的前进开始建立在了大众对社会方方面面的怀疑、批判之上，建筑领域也无法避免。当然，这只是人类反省历史建筑、思考未来建筑的一个环节而已。无数的大师，如扎哈·哈迪德、彼得·埃森曼、弗兰克·盖里、伯纳德·屈米、丹尼尔·李伯斯金、伦佐·皮亚诺、阿尔多·罗西、诺曼·福斯特、安藤忠雄等已将自己的名字镌刻在了历史的画卷上，他们的行为就好比尼采宣布了上帝的死亡，而他们宣布了建筑的死亡，从此超人不再压抑。

后现代建筑形态中对解构主义的争议最为强烈，它似乎已被认定成了建筑的反面，是一种极端，是大师们病态的人格创作。将居住空间硬化，对和谐心理的压迫，无数的建筑与人类一起争夺着这个星球。解构主义的不确定性如同战争后遗症一样肆虐无常，动摇了建筑人文的根基，将建筑理念推向病态，成为整个后现代进程的最突出代表。嬉谑间将建筑剥离成雕塑，人本化作了无本，建筑空间的目标决定权也由居住者转移到了大师们的手中。其他"主义学"在成长中也跟随其后并有所嵌透，非理性在理性中获得思考。对"病态"的关注也使得我们更加关心"健康"的建筑设计，但对它们的界定也并非令人满意，象征主义、乡土主义、历史主义、高技派、折衷主义、解构主义和新理性主义等本身也相互依存、不可分割。

本书将对后现代建筑中的经典进行抽点评说，囊括了其中的主要建筑师和主要代表作品，并以不同的流派对其细细划分。另外书中配有大量的图画，向我们展示了作为后现代建筑的核心存在——一种同异共存的视觉艺术。

目 录

前言

第一章　象征主义

波茨坦广场　　　　　　　　　　　　　　　　3
特吉巴奥文化中心　　　　　　　　　　　　　5
比约教士朝圣教堂　　　　　　　　　　　　　12
威斯马联合国教科文组织实验室和工作室　　　14
布莱岗佐那独立式住宅　　　　　　　　　　　17
诺瓦扎诺住宅　　　　　　　　　　　　　　　20
圆厅住宅　　　　　　　　　　　　　　　　　22
辛巴利斯塔犹太教会堂　　　　　　　　　　　24
九龙火车站　　　　　　　　　　　　　　　　27
国际生命科学中心　　　　　　　　　　　　　29
仁川国际机场交通中心　　　　　　　　　　　32
国际会议和展览中心　　　　　　　　　　　　34

第二章　乡土主义

里德尔广告代理公司办公楼　　　　　　　　　39
迪尔瓦利岩画艺术中心　　　　　　　　　　　44
克尔·艾米教堂　　　　　　　　　　　　　　48
阿莉塞·萨洛蒙社会教育专科学校　　　　　　55
罗特鲍姆新闻大楼　　　　　　　　　　　　　58
万德斯贝克办公居住楼　　　　　　　　　　　61
耶鲁大学皮尔森学院　　　　　　　　　　　　65

达拉谟小学 67
芬兰展馆 70

第三章　历史主义
希尔曼汽车库 75

第四章　折衷主义
水户艺术馆 79
富山博物馆 81
北九州国际会议中心 83
京都音乐厅 86
阿拉伯世界文化中心 93
凯布兰利博物馆 96

第五章　高技派
中国国家大剧院 101
夏尔·戴高乐机场第二航空港F候机厅 105
柏林新议会大厦 109
香港汇丰银行 111
荷兰国际集团银行和保险公司 115
月亮塔 119
BCE宫 123
巴仁玛特社区中心音乐会大厅 126
沃兰汀步行桥 128

沃勒恩高中	130
瓦伦西亚艺术与科学城	134
日本奈良大会堂	137

第六章　解构主义

那波里高速铁路TAV车站	143
莱比锡2012年奥林匹克中心	145
加利西亚文化城	148
拉·维莱特公园	153
办公楼、住宅和公共建筑	157
犹太人博物馆	162
毕尔巴鄂古根海姆美术馆	169
巴塞罗那奥林匹克村鱼形建筑	173
日本札幌餐厅	179
伦敦2012年奥运会水上中心	184
宝马中心大厦	186

第七章　新理性主义

威尼斯世界剧场	195
巴西集合住宅	202
卡洛·菲利斯剧院	204
奥地利使馆	207
现代艺术博物馆	214
康涅狄格州新迦南参观者的帐篷	217

G+J出版公司总部	221
乌尔姆大学	225
荷兰政府大楼	229
荷兰驻德国大使馆	232
维也纳地铁	237
沃拉尔堡州政府中心	241
日本京都府立陶板名画庭园	247
大阪府立飞鸟历史博物馆	250
1992年塞维利亚世界博览会日本展馆	252

第一章　象征主义

　　象征主义，人类文明发展中的又一片沃野，作为近代文化思想史的构成板块之一萌生于十九世纪末的法国。那时的法国沙龙现象尤甚，已经发展成为一种法国文化，影响着整个欧洲。不少知识分子对此及整个社会生活不满，并通过隐晦的手法表达着自己的反抗。他们的行为多采用寓意和象征的形式，并随着1886年诗人让·莫雷亚斯《象征主义宣言》的发表，逐渐形成了象征主义。很快，象征主义思潮波及到德国、意大利、比利时、瑞士等国家，在最初的诗歌、戏剧以及之后的哲学、美学、绘画、雕塑、建筑学等领域灌溉出了无数奇葩。

　　上世纪六十年代的欧洲，作为一种建筑设计的流行标榜，象征主义受到更大更积极的追捧。它追求个性表现形式的极端，使建筑造型成为设计思想及意图的角斗场，让每个人的联想挥洒其中，接受着天才们的欲望冲击。建筑上的象征主义努力让建筑本身从周围的环境中独立出来，从这个角度说，作为后现代风潮的一个重要组成部分，象征主义是锋利的。

建筑系列——后现代巨匠建筑

伦佐·皮亚诺（Renzo Piano）

　　伦佐·皮亚诺，1937年生于意大利热那亚，1964年从米兰工业大学建筑学院毕业以后，皮亚诺便在路易·康、马科乌斯基等多位现代建筑大师的事务所中度过了他创作生涯的最初阶段。随后他与理查德·罗杰斯搭档，于1970年共同成立了皮亚诺与罗杰斯（Piano & Rogers）设计事务所，并一起完成了蓬皮杜中心的设计工作。1982年，皮亚诺在热那亚与巴黎的事务所同时成立，之后陆续问世的作品有日本关西机场、梅尼尔珍藏品美术馆等。1998年他被授予普利兹克建筑奖。

　　伦佐·皮亚诺走在时代的前列，他对建筑内部功能的外观表达独到而新颖，对设计中张狂个性的合理把控使他的作品总是保有无限的亲和力。面对空间他是谦虚的，面对作品与周围环境的协调问题的处理他又是明智的。在他的作品中我们能轻易地发现他是一位环境因素的积极调动者。

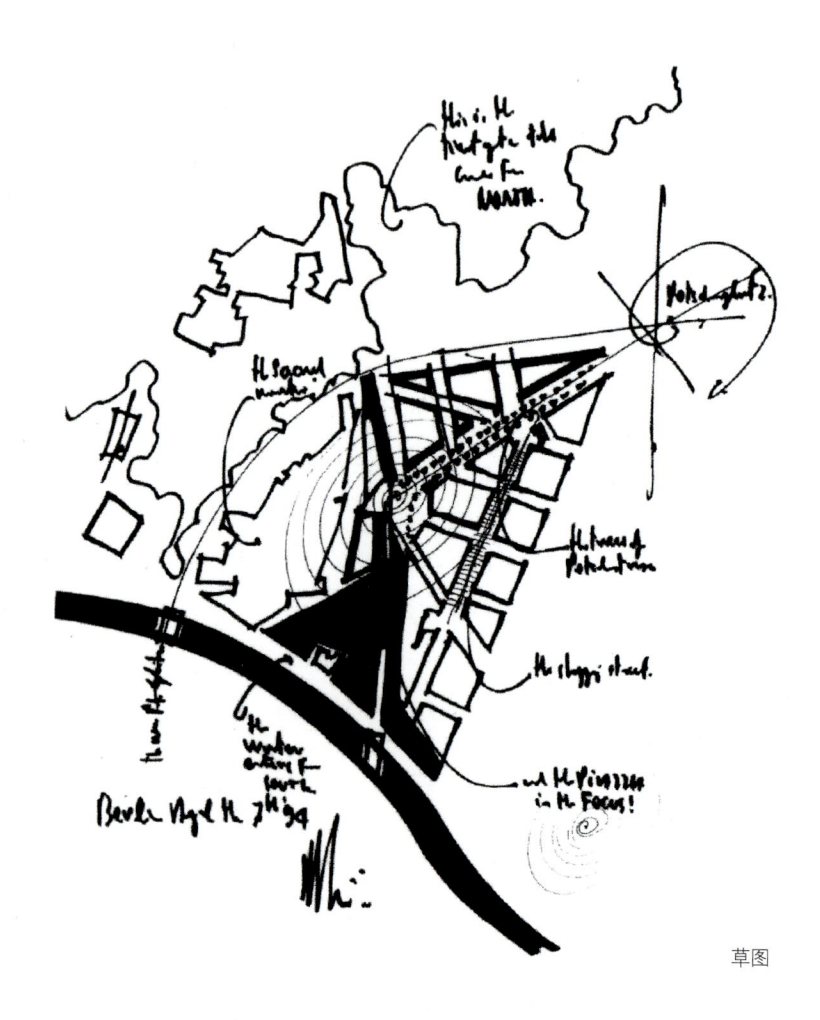

草图

第一章 象征主义

波茨坦广场

建筑设计：伦佐·皮亚诺
建筑地点：德国，柏林

  1741年威廉一世时建造的波茨坦旧广场位于柏林的心脏地带。作为欧洲最重要的交通枢纽之一，在惨遭第二次世界大战蹂躏后仅留存下了葡萄酒屋"HUTH"。冷战时期它又作为隔离带，横亘在东西柏林之间，成为德国的一道伤疤。1989年，柏林墙倒塌，波茨坦广场突然变成了欧洲最大最繁忙的建筑工地。重建后，这里成为欧洲第一个安装红绿灯的广场，它拥有一个巨大的十字路口，是一个高密度的交通枢纽。广场内设有步行区，街道加装了拱廊，并在局部以水景衔接着不同的建筑，红砖和玻璃的大量运用使它成为这座城市里最为醒目的地标建筑。这儿设有IMAX剧院、商业街、音乐剧院与娱乐场，现在这里已是新柏林最大的休闲消费场所之一。新广场的面积已经大大地超过旧广场，并与辉煌的宫殿以及周边的历史遗址融为一体。建筑上，棱角的分明外露锐不可当，玻璃外墙饰面以丰富现代的华丽和夜景效果。钢架结构的装饰恰当巧妙，以显出开朗奔放的现代情趣。弧面与转角同存于一个画面里，既俏皮又和谐。地上，各条要道穿插于建筑之间，增加了每幢建筑的独立性，并将它们的各个面貌展示于人。而在天上，我们所看到的是一条如此美妙的天际线。

正立面

建筑系列——后现代巨匠建筑

侧面

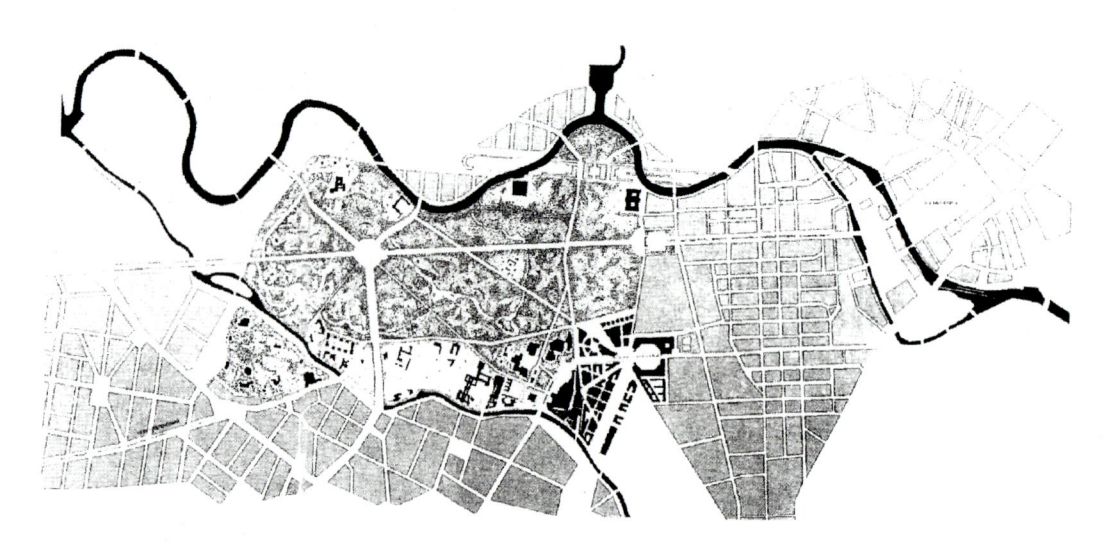

总平面图

第一章 象征主义

特吉巴奥文化中心

建筑设计：伦佐·皮亚诺
建筑地点：新喀里多尼亚

　　这是伦佐·皮亚诺设计的特吉巴奥文化中心，与复活节岛上的石像无异。美国《时代》周刊将其纳入1998年世界十佳设计。

　　将文化传统与自然资源的有机融合向来是建筑设计中的难点。伦佐·皮亚诺采用现代科技方法在通风系统的设计、自然材料的选择、先进材料的介入、本土风貌的借鉴、天然光线的利用方面，保证了人文状态与自然状态的平衡，传达出本土文化的历史传统，是人文思想在大自然中的完美渗透。

　　当地民居擅用木材与不锈钢组合的结构形式构建篷屋，皮亚诺将之继承下来，巧妙地利用造型解决了自然通风的问题。当地传统的村落布局也被皮亚诺用在了文化中心的设计中，顺势展开的可称为椭圆帽的十个单体，共分为三组，用低矮的行廊相互连接，具有不同的实用功能。朝天的木肋不断延展向上，垂直交错的造型，恰与四周林木的尺度相契合，使文化中心看上去就像一个个从天而降的巨大的鸟巢。

场地鸟瞰

建筑系列——后现代巨匠建筑

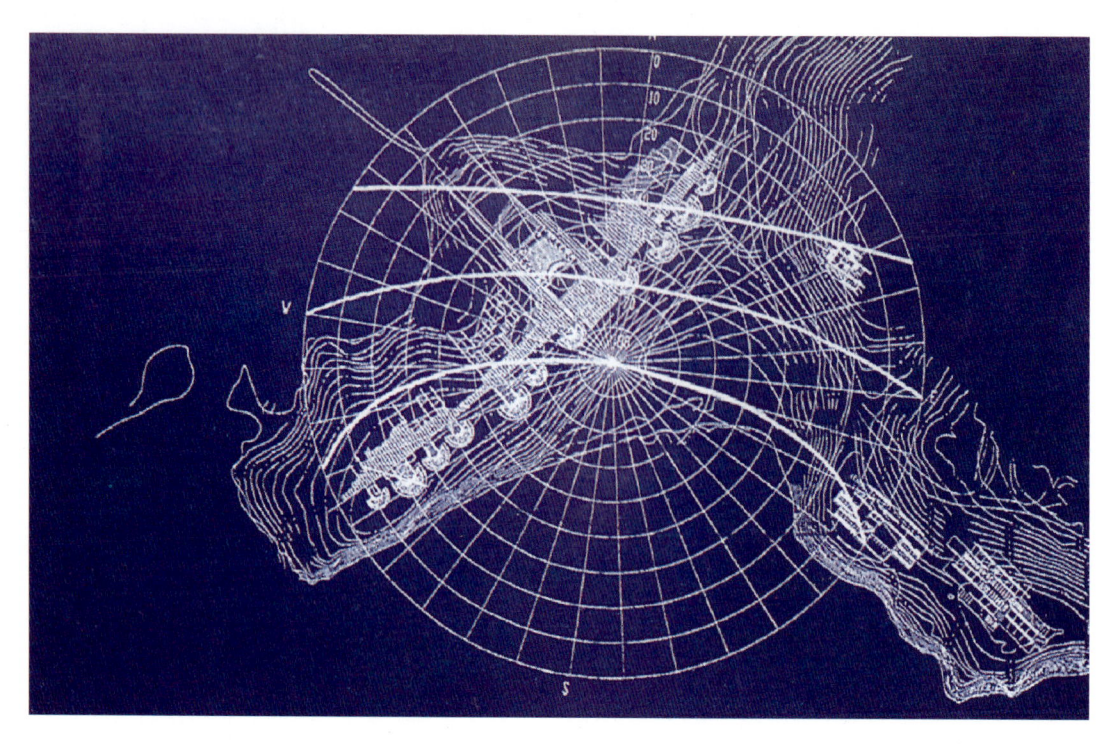

模型照片

南北向的剖面

第一章 象征主义

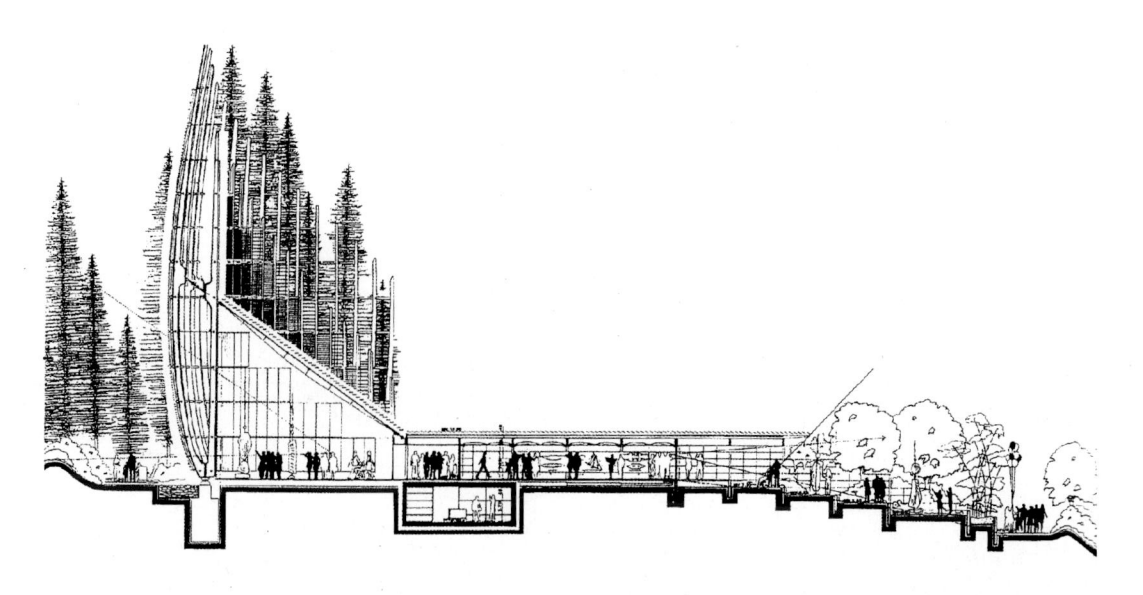

画廊及展厅剖面

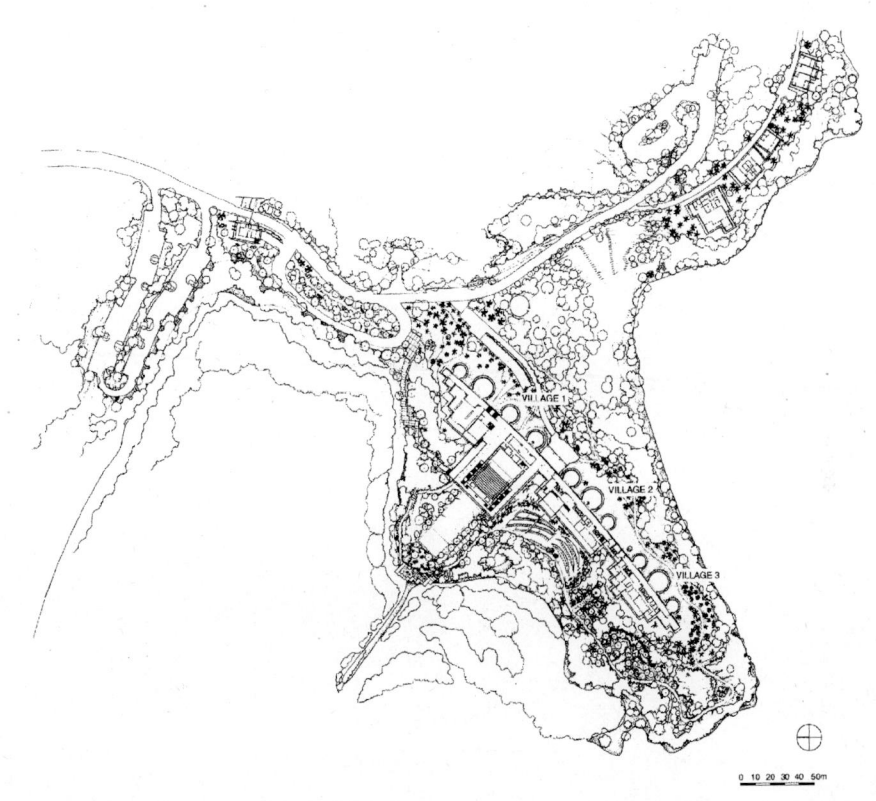

用地平面图

鸟瞰全景图

第一章 象征主义

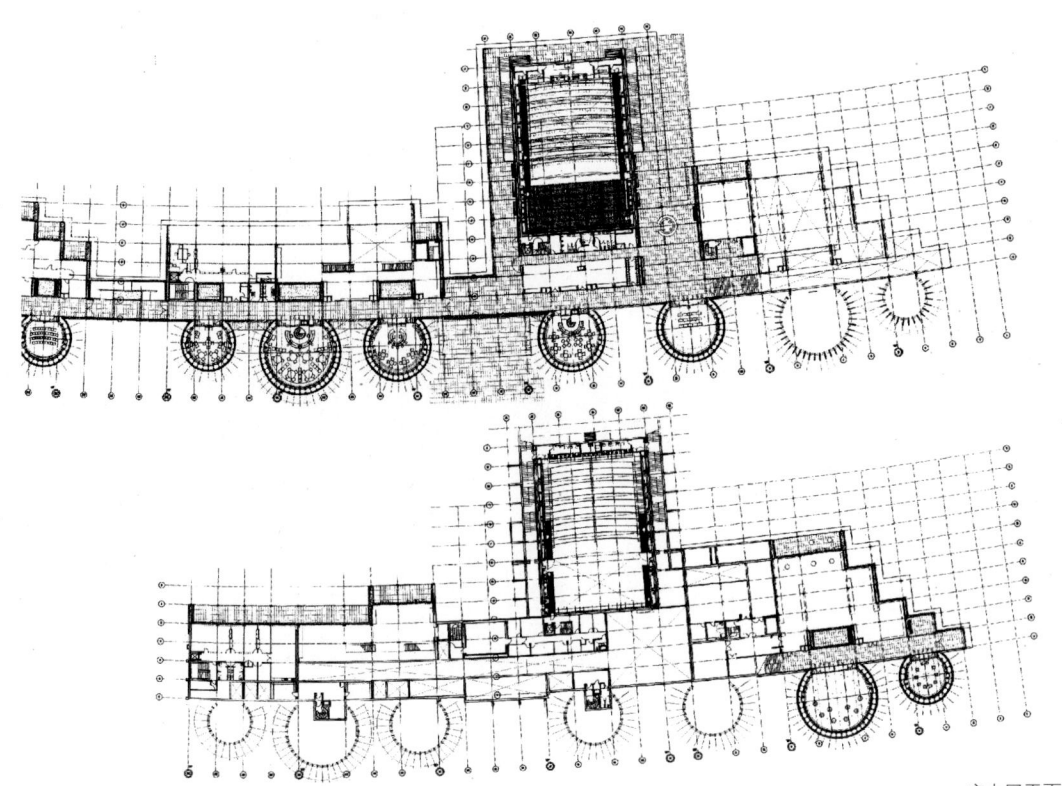

底中层平面图

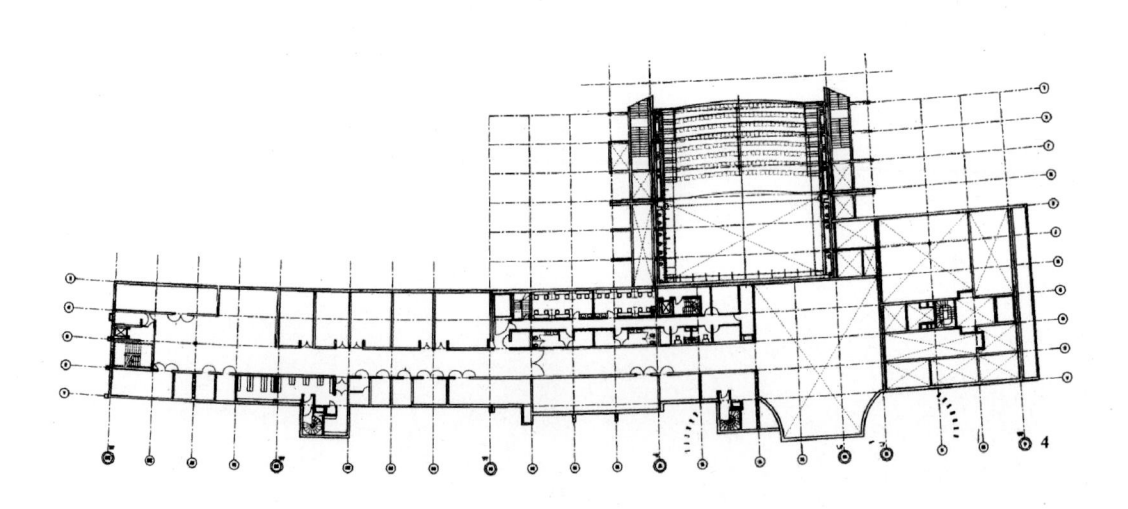

首层地下室平面图

建筑系列——后现代巨匠建筑

模型

第一章 象征主义

原型

建筑系列——后现代巨匠建筑

比约教士朝圣教堂

建筑设计：伦佐·皮亚诺
建筑地点：意大利，圣吉尔万尼洛特多

　　想用几片瓦块盖起一个屋顶，无异于痴人说梦，而伦佐·皮亚诺便实践了这个看似不可能完成的任务，当然，这样的瓦块是十分巨大的。

　　为了纪念基督教圣德楷模比约神父，人们建造了这座比约教士朝圣教堂。巨大的建筑体量与人的渺小形成强烈的反差，设计上的拼装感与各个大型体块在视觉上的独立加大了这种效果。教堂的屋顶好似瓦片的叠加，并向外延伸以产生遮阳的作用。建筑正面、"瓦片"之下立有两个巨大的拱条，左右交叉、前后分离，拱顶通过架于其上的数根钢条对那夸张的屋檐起到支撑的作用。在用色方面，建筑顶部为蓝色，墙面为黄色，而巨拱为白色，色调活泼，界

远景　　　　　　　　　　　　　　　　外景局部

第一章 象征主义

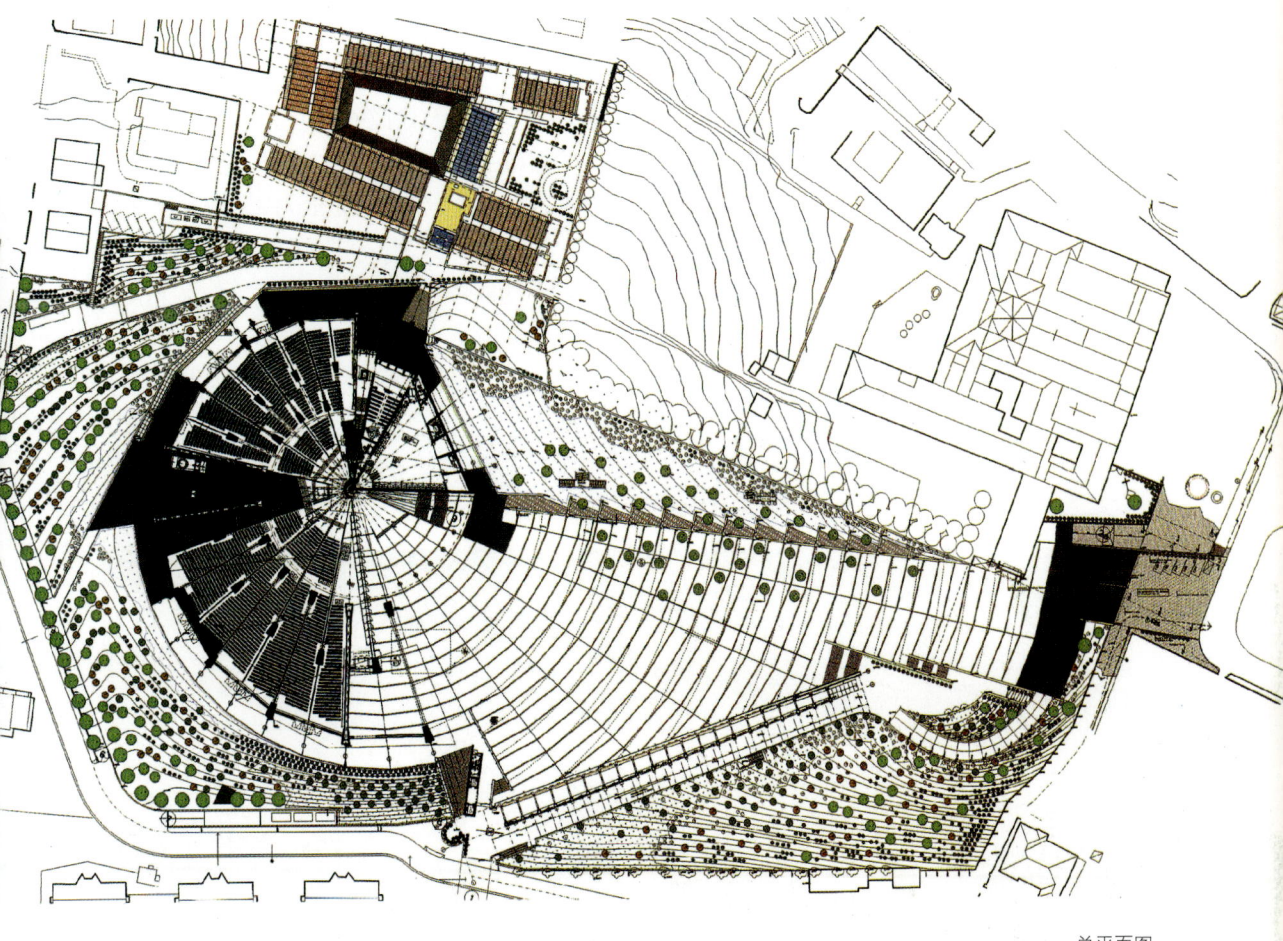

总平面图

限分明，使教堂从周围的社区环境中脱颖而出。巨大的玻璃立面将阳光自然地引入室内，与大多传统教堂的阴暗形成鲜明的对比。

在遮阳系统的动力控制上，皮亚诺十分考究，他采用了国际知名的久力电机作为其设备支持。此外，独具一格的是将圣经故事绘在电动卷帘上以替换传统的彩绘玻璃，让古老的宗教画面在现代遮阳技术的运用中得到有机的传达，并显出惊人的视觉效果。

建筑系列——后现代巨匠建筑

威斯马联合国教科文组织实验室和工作室

建筑设计：伦佐·皮亚诺
建筑地点：意大利，威斯马

　　在意大利热那亚以西20公里的威斯马，矗立着皮亚诺建筑工作室和联合国教科文组织共用的威斯马联合国教科文组织实验室和工作室。皮亚诺有意将建筑与外界隔开，建筑成了一座海洋孤岛。

　　这座匍匐在绿荫里、跪拜在大海前的阶梯状建筑，极大地体现了建筑者对自然的尊重。房屋结构虽以玻璃为主，但对利古里亚海滨传统样式的完全模仿成了该建筑的最大亮点，在透明的几何体中，工作室变成花房，人们置身其间，仍在继续享受着古老迷人的传统生活。

夜景

第一章 象征主义

内景局部

建筑系列——后现代巨匠建筑

马里奥·博塔，1943年出生于瑞士的提契诺，是"提契诺学派"的主要代表人物，曾随加洛尼（Carloni）在瑞士卢加诺（Lugano）学习建筑设计。他真正开始建筑设计工作是在1965年当他成为柯布西埃事务所正式成员时。从威尼斯建筑大学毕业后一年，他在卢加诺终于有了自己的工作室。在以后的岁月里，他也受到过路易·康的指导，并与多位建筑大师共事过。

马里奥·博塔是一位对建筑体块造型十分着迷的大师，并在设计中不时流露出戏耍的手风。他对设计想象的表达较为直接，作品的思想内容对当地的文化特性相适较强，特别是在提契诺对其地理特征在建筑设计上的发挥尤为突出。博塔很早就赢得了世界声誉，但他受到后现代主义影响而作出的成果却出现在他的后期创作中。同时，提契诺景观文化从类型层面上在他的设计中得到了隐喻和解释性的运用。

马里奥·博塔（Mario Botta）

外立面

第一章 象征主义

布莱岗佐那独立式住宅

建筑设计：马里奥·博塔
建筑地点：瑞士，提契诺

  对居所与环境关系的思考在马里奥·博塔的大脑里恒久地进行着。上世纪七十年代，他设计了许多住宅，而其中的一座与别处不同，这就是布莱岗佐那独立式住宅。该建筑很好地解决了马里奥建筑中城乡界限中的矛盾：城市街巷的类似设计与许多乡村屋舍的传统元素相继闪显，并最终在他的建筑中融合为一体。马里奥·博塔认为"它集结了发生在我们周围的环境变化，并试图对其加以批评式的再现"，这不仅催生出人们对周遭环境变化的思考，而且也十分有趣。

内景局部

建筑系列——后现代巨匠建筑

外景

第一章 象征主义

内部

建筑系列——后现代巨匠建筑

诺瓦扎诺住宅

建筑设计：马里奥·博塔
建筑地点：瑞士，提契诺

　　诺瓦扎诺住宅小区是一个福利住宅小区，坐落于提契诺南部的诺瓦扎诺镇附近。在严格遵照政府相关建筑标准的前提下，小区造价十分低廉。从上往下看，小区呈一个巨大的"U"形。"U"形的凹底处在地势较高的一端，顶部处在地势较低的一端，上下两部分各有一个庭院。这样的半封闭式环围设计既保证了开放的视野空间，又提供了一个温馨的交流场所，体现了共用一处活动区域的社会价值，又表达了西方历来的人文关怀。小区的入口设在小区背面的底部，并设置了一个别致的带顶门廊。整座建筑立面上的方形窗与圆形窗交错布置，亦使得建筑曲线活泼而有韵律。为了满足对强化建筑构图和场地特征的需要，建筑在色彩配置上采用了红黄蓝三

外景

第一章 象征主义

外立面局部

种颜色。鲑红色用于外立面，土黄色用于墙面凹进去的部分，而蓝色则用于中间庭院的服务性区域，这些色彩的使用是为了给住宅工程一个"体面的外表"。

圆厅住宅

建筑设计：马里奥·博塔
建筑地点：瑞士，提契诺

  将建筑平面设计成圆形，并沿南北轴向修建在村子的边缘，这就是马里奥·博塔的圆厅住宅。在房屋的正面一条深深的凹槽沿着竖直的对称轴向上直达顶部的倒三棱柱天窗，使视觉空间在竖直方向上得到解放，也使一惯的墙面封闭式设计获得了解脱。柱子形状的楼梯，柱头用砖砌筑而成。厅内以竖直轴心向四面辐射生成各个居住空间。机房和休闲运动房位于底层，带有平台的起居室位于二层南侧，北侧则为厨房和书房，顶层是卧室。各种不同种类的家具被放置在了住宅内部垂直方向上的不同空间里。柔和的圆形地面展示着厚韵的传统风格并呈现出新颖别致的居住环境。采用这种几何圆柱体设计并结合窗框的正方形、三角形，化解了与周围其他高大建筑的相互冲突，将城市现代感带到了乡村，令环境空间更加协调。

轴测图

第一章 象征主义

近景立面

建筑系列——后现代巨匠建筑

辛巴利斯塔犹太教会堂

建筑设计：马里奥·博塔
建筑地点：以色列，特拉维夫

  在以色列特拉维夫大学校园内，有一座犹太教会堂，它叫辛巴利斯塔犹太教会堂。它不仅仅是座教堂，更因为设计上的奇特备受关注。犹太教会堂所属建筑的使用空间采用分离式设计，并在方方面面向祷告者提供宗教帮助。置身建筑大楼的一层，南边为服务性空间，北边有两个主要入口，西边是文化中心，东边就是犹太教会堂。建筑顶部立有两个相互对称的塔，塔底的基盘为正方形，墙体逐渐向上外挑，达到顶部时已完全变成圆形。如此得来的双塔构成了整幢建筑夺目的外形标志。

  整个建筑的象征性体现在了双塔上，无限的光亮充满其中，光成了载体，传达着某种信息。为了增强建筑的神秘感，马里奥采用了双正面式的建筑设计。通过在类型学上的处理，两个建筑体量的雕塑感在形式上取得了同一性。

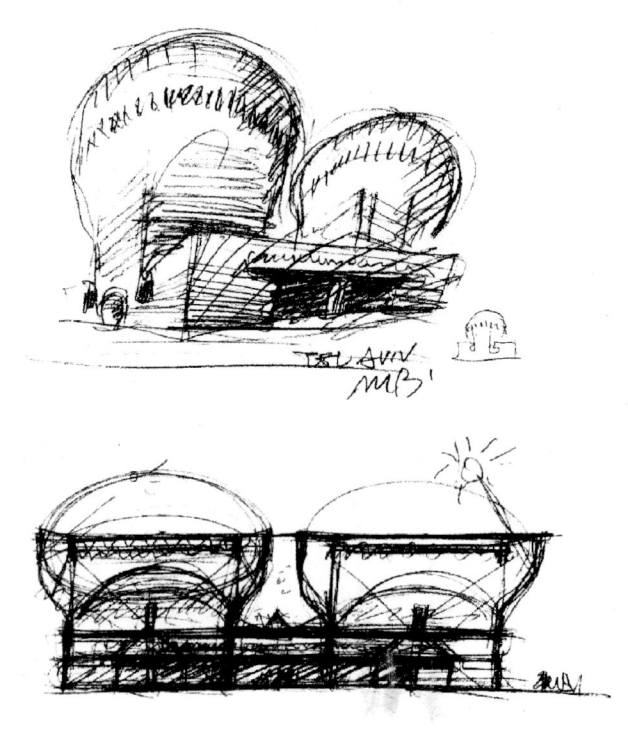

设计草图

第一章 象征主义

外景

建筑系列——后现代巨匠建筑

特里·法雷尔，1938年生于英国曼彻斯特，于1961年在杜伦大学（Durham University）建筑学院获得建筑学学士学位，又于1964年在美国宾夕法尼亚大学艺术研究生院获得建筑学和城市规划硕士学位。他与格雷姆肖（Grimshaw）于1965年合作开办了建筑师事务所。1980年他开始进入独自创业阶段。在剑桥大学、伦敦大学巴特莱特建筑学院、英国AA建筑学院及一些研究机构都留下过他的教学足迹。他还获得过大英帝国勋章以及CBE勋位。苏格兰皇家建筑师联合会、美国建筑师协会也都曾授予他荣誉会员称号。

特里·法雷尔是在大地块之上进行建筑创作的大师，在他的作品里他总是力图将建筑所在的城市浓缩在他的建筑群中，并用不同的建筑构型来表达功能分区。他的工作曾被称作"城市修补工作"，但因他对城市文脉的超重把握，他的工作已经远远不仅是"修补"，而是一种对城市生活品味的提炼。

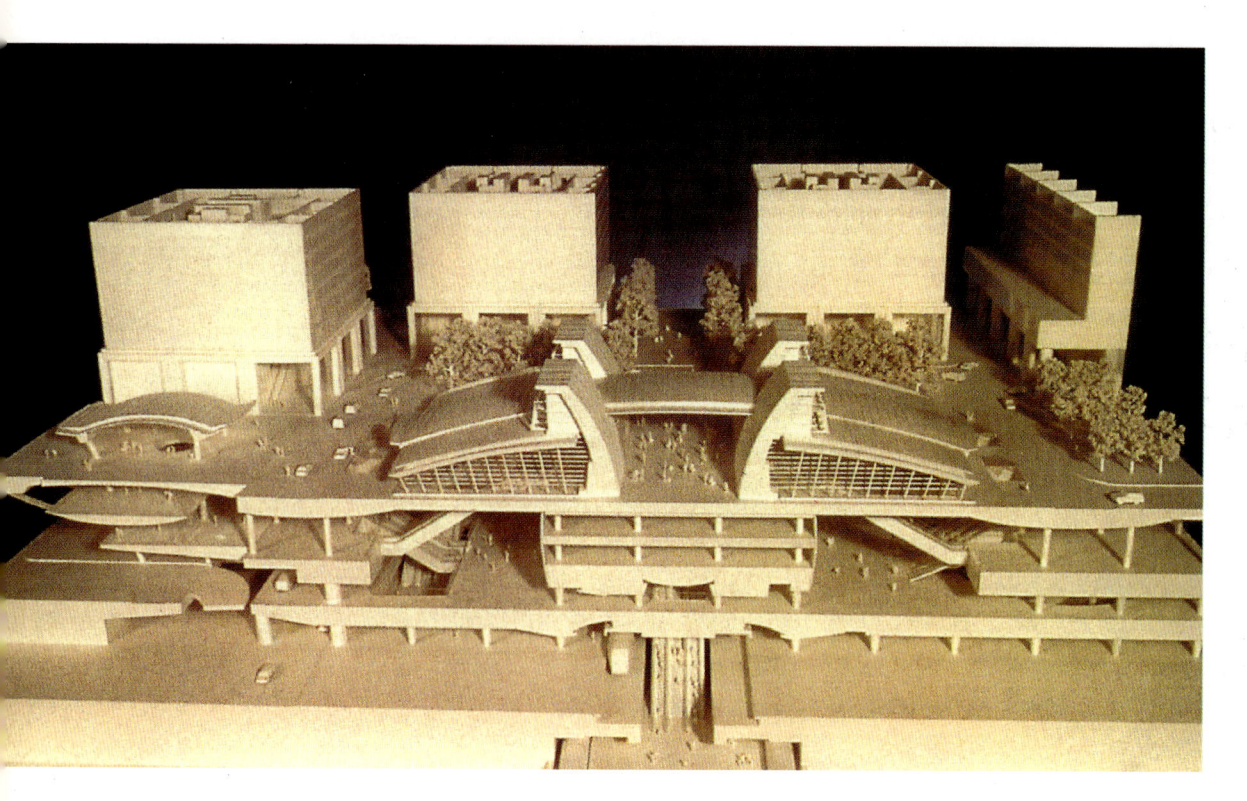

特里·法雷尔（Terry Farrell）

模型

九龙火车站

建筑设计：特里·法雷尔
建筑地点：中国，香港

  作为著名的京九铁路在南方的终点站九龙火车站，也就是香港红磡火车站。它作为标志建筑的重要性自然不容分说。高大的玻璃外墙，足以显示出内部空间的顶阔。动感十足的长波浪形屋顶设计，表达了香港发展乘风破浪，也点出了香港人的龙马精神。

  九龙火车站位于香港特别行政区油尖旺区畅运道，1914年建成，原址于油尖旺区尖沙嘴梳利士巴利道，1975年搬迁至此，距北京西站2407公里、深圳站35公里，受九广铁路公司管辖。九龙火车站是港人或外来游客北上的大门，同时也为香港作为世界名港的货物转运提供了强大的陆路支持。

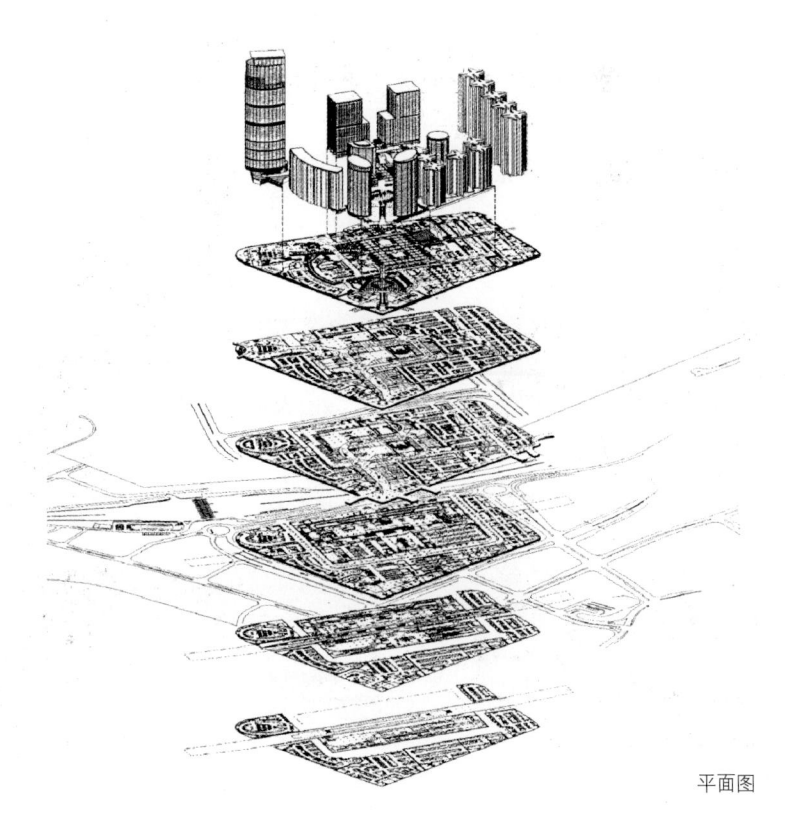

平面图

建筑系列——后现代巨匠建筑

外观

模型

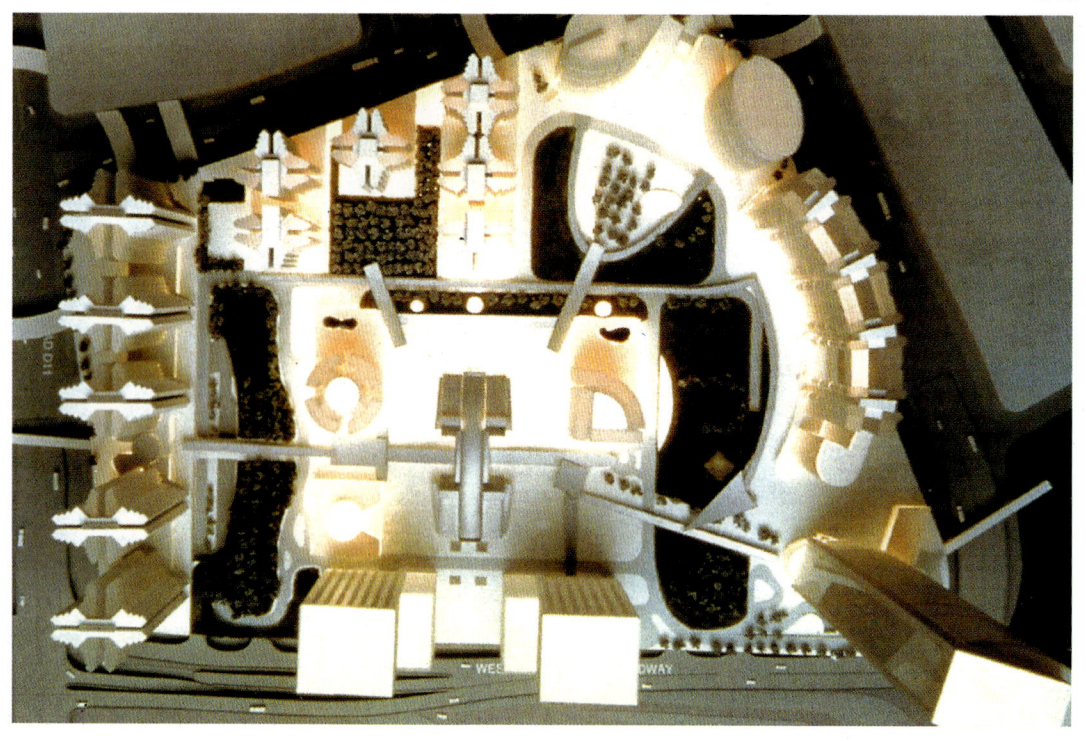

国际生命科学中心

建筑设计：特里·法雷尔
建筑地点：英国，纽卡斯尔

通过建筑群的高度和连贯性完成一种拔地而起的气势，并与周边的一切相区别，特里·法雷尔在纽卡斯尔的时代广场建起了国际生命科学中心。

法雷尔将不同的建筑材料以及各种相异的建筑景观元素混合着投放到这块空地上，然后不停地搅拌，使之相互融合，就像一碟水果沙拉一样。进而消除了空间乏味的排列组合，当我们站在建筑群体之外或者置身其中，并以不同的视角去观察它时，都能捕捉到不同的景致。

设计意象

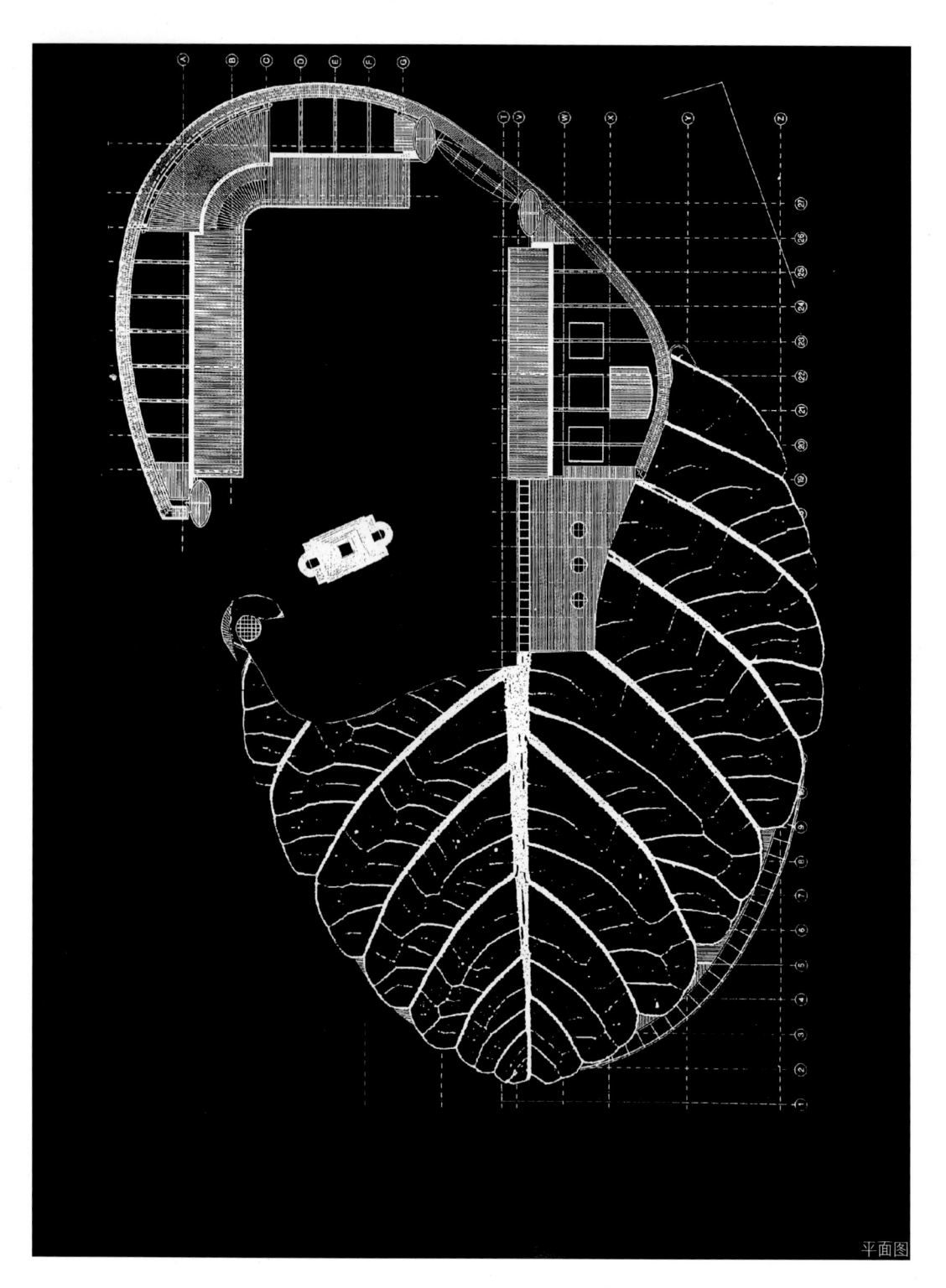

建筑系列——后现代巨匠建筑

平面图

第一章 象征主义

模型

　　国际生命科学中心群体间各自独立，但独树一帜的造型和不同结构间的相互渗透，事实上，它们已经融合为一个有机的整体。

　　建筑内部空间功能丰富，并通过时代广场的公共空间来衔接，分布有休闲、健身、学术和商业使用空间，达成了城市功能多元化的复合，形成了一个城市文化辐射源点。广场中原有步行路线得以保存，古老的市场、仓库也仍然健在。在这里，过去与现代、传统与时尚得以完美地交织在一起。

建筑系列——后现代巨匠建筑

仁川国际机场交通中心

建筑设计：特里·法雷尔
建筑地点：韩国，首尔

　　仁川国际机场2001年初正式启用，是大韩航空及韩亚航空的主要枢纽。机场为填海所建，其设计将生态环境与人文景观充分融合。机场规划采用对称设计，朝鲜传统民居中的盖瓦型式在机场地面交通中心的设计建筑中得到继承，使机场带着自己的民族特色在世界著名建筑中获得了生命力。主客运楼是建筑体的核心，占地约496 000平方米，为韩国第一，全球第三。大楼长约1060米、宽149米、高33米，并采用了当时韩国最为先进的建造技术与新型材料。轻质钢架的使用成就了机场所需的大棚效果，屋顶以玻璃材料为主，为采光提供了极大的便利。大楼的主轮廓线为"X"形，呈银灰色，其他大量的玻璃饰面为淡绿色。大楼包括一对侧翼，整个空间内设有五座玻璃观光桥，使得室内空间层叠出立体的交通图景。这里，弧线成为建筑构线的主角，柔美以示亲和。

　　大楼分为地库一楼、一楼、二楼、三楼和四楼。地库一楼设有面包饼店、咖啡店、餐厅、书店、银行、超级市场等；一楼是入境层；二楼分为禁区和非禁区，禁区内有登机桥、隔离站等设施，非禁区内有商务中心、资讯系统、银行、邮政局等，并设有转机服务；三楼为离境层；四楼设有高级餐厅、精品店、转机乘客专用酒吧、机场照相馆等设施。

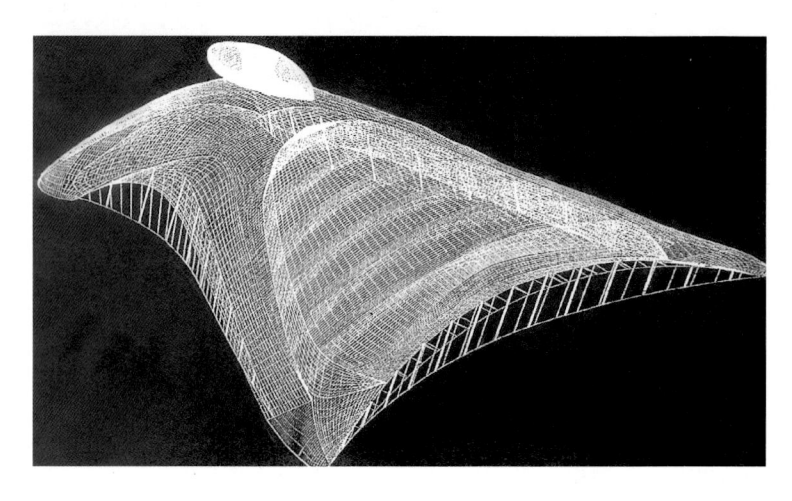

平面图

模型

建筑系列——后现代巨匠建筑

国际会议和展览中心

建筑设计：特里·法雷尔
建筑地点：英国，爱丁堡

  古城之古在于其年代久远，在于其建筑风貌色古，还在于能对其进行恒久的维护。这座建筑没有华丽的外表，没有鲜明的造型，可以这样评价：特里·法雷尔将国际会议和展览中心还给了爱丁堡，还给了爱丁堡的人民。

  建筑坐落于爱丁堡市区的西面，处于莫里森街和西阿普路奇街交叉的十字路口的一角上。受地形的限制，建筑群内格局相对紧凑，因此建筑沿莫里森街的一侧，形体和曲面后倾。

  法雷尔从爱丁堡学术之都的美名中抽象出若干几何曲线赋予了建筑，会议中心顶部升起的"圆柱"、一个个矩形长条的窗框一层层交叉排列着，而把半圆留在了屋顶。后侧两个小型会议厅作为副厅，可以旋转，并与正厅连通。

侧立面

第一章 象征主义

主入口局部

第二章　乡土主义

乡土就是本土，朴素而有距离感，作为当今城市化运动的牺牲品受到鄙视。而我们借用"文化"使它继续存在。

乡土主义是作为砝码出现在了紧张受压的现代都市人的生活天平之上，其原则为：拣拾具有群体效应的乡土文化作为研究对象，从历史、地理、社会结构、民族性等方面入手分析其产生、演变的原因，并将其所得应用在当下的产品设计、生产以及生活理念的倡导中。乡土主义建筑也就成了迎合乡土主义原则的现代建筑的一部分。

乡土主义建筑作为乡土文化中重要的组成部分，体现出本土文化特有的历史元素、生活元素以及群体性格元素，是回避跨区域性的；而在对其理念的传播、交流、应用中，它又是跨区域性的。

现代高节奏的生活作息、快餐式的饮食习惯和混凝土森林令人窒息的空间压力，正腐蚀着越来越多的人的心灵。每个人游离在灰色空间中，不能把控自己的生活，自己日趋狭小的心灵空间与如火如荼的城市化进程产生了更大的冲突。人们渴望都市生活，而又恐惧它，于是乡土情结站在了后者的立场上，缓冲着这钢铁般的生活带来的高压。大量木材、石材、竹器等自然元素以及民族符号的引入，对不同区域、不同民域的生活体验，这些以返璞归真的形式拓宽了人们的存在空间。

随着城市群体效应更加集中，乡土文化正逐渐逃离人类文明的集中营。

建筑系列——后现代巨匠建筑

威廉·P.布鲁德，正如他自己所倡导的一样，在建筑设计上他既富有诗人的气质又是一位实用主义者，并将历史中的优点用于对未来建筑的设计之中。他以雕塑设计起家，是美国著名的当代建筑设计大师。他的菲尼克斯中心图书馆已成为时代建筑的象征。

在建筑设计上他有未来科技主义趋向。从他的生态科学设计理念中，我们能找到材料和能源系统的优化选择的最佳结合点。

他常与室内设计师一同展开工作，以全角度的思维方式来造创一个全方位的三维动态空间。对色彩的发挥是他设计中的一个亮点。

布鲁德建筑事务所的杰作有鹿谷洛克公园、里德尔广告与设计公司办公空间设计等。

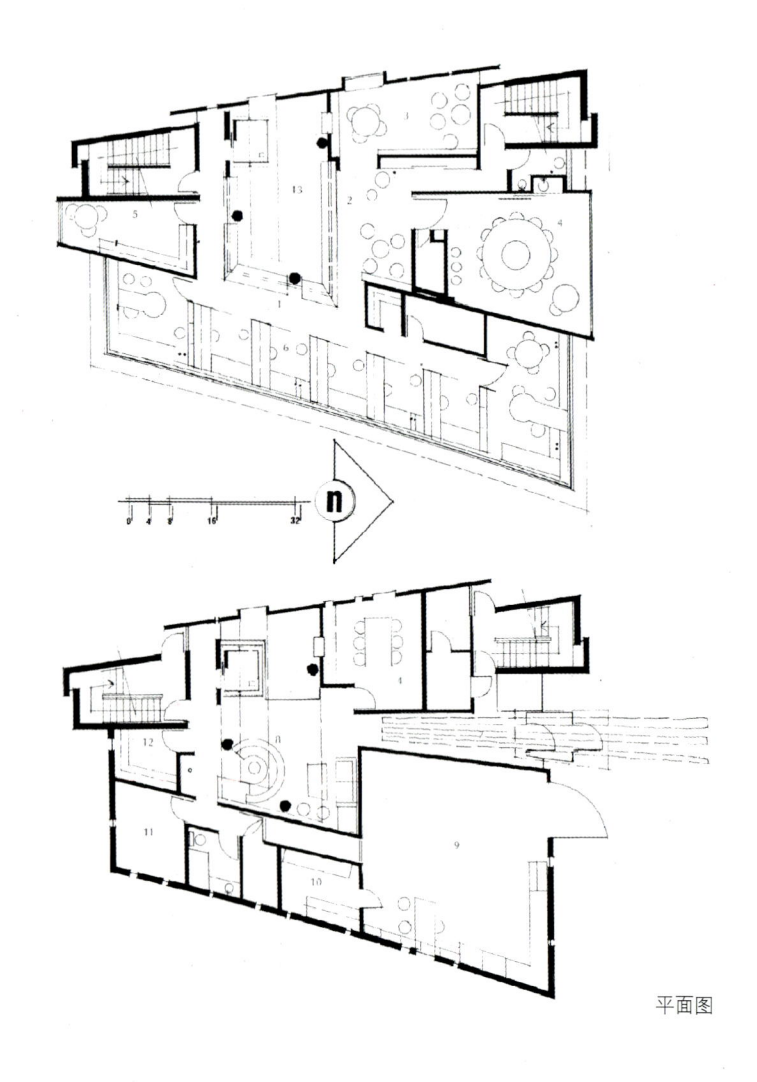

威廉·P.布鲁德
（William P.Bruder）

平面图

里德尔广告代理公司办公楼

建筑设计：威廉·P.布鲁德
建筑地点：美国，威斯康星

　　朋友家的圆木大厅触动了威廉·P.布鲁德，于是，他就用木材作为设计里德尔广告代理公司办公楼的主要材料。建筑中木材的广泛使用，就好像大家真的是在树上建房子，建一座树屋。

　　大楼设有专属员工使用的工作区，就在第二层和第三层，而这是由械木面碎料板建构的。与专属员工工作区一起的是高科技作品合成室、照片拼版室，外加一个员工休息室。午餐厅、资料库连同演示会议室被安排在第三层。同在第三层，天井边设有供产品演示的客户接待区。将房顶设计成倾斜式样使得第三层立体空间感更强，而这样做的首要原因却是便于排水。

外立面

侧立面

  大楼共有两处楼梯间，一个在南，一个在北。南端楼梯间为主楼梯间，有镂空的踏板、镀锌的楼梯平台和分隔墙。北端楼梯间里，踏板采用胶合板，其余的与南端相仿。对细节的考究使两处楼梯间风格迥异。可一到晚上，灯光的巧妙设置、管道简洁的分布、缆索栏杆精巧的制作，又会使两个楼梯间产生某种交流，相映成趣。

  木头的童话性格、灯光的如梦似幻以及对空间利用的创造性贡献，赋予了整幢大楼内部空间独特的个性。

第二章 乡土主义

侧立面

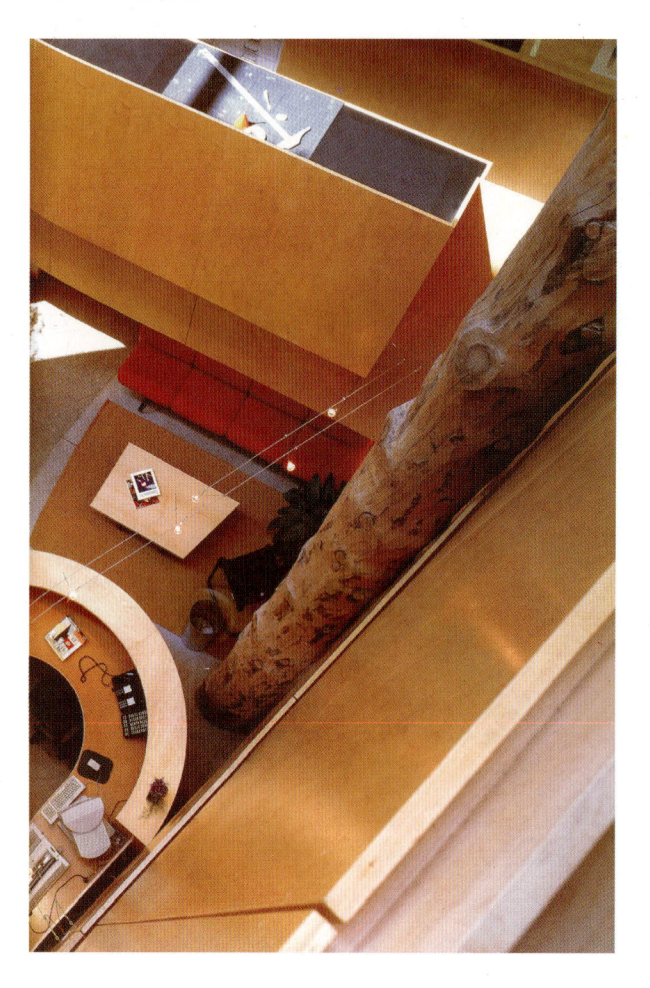

不同的内景局部

内景局部

建筑系列——后现代巨匠建筑

迪尔瓦利岩画艺术中心

建筑设计：威廉·P.布鲁德
建筑地点：美国，凤凰城

在阿多比山土坝和赫奇希尔斯山余脉的结合处有一座迪尔瓦利岩画艺术中心，该建筑横跨了拦洪坝的出水口，并以其特有的雕塑造型与周围宏伟的自然奇景融为一体，其功能是展品展示、实验研究、举办讲座以及存放与岩画艺术研究有关的学术资料。

建筑雕塑曲线丰富，墙体之间以一定的角度相互倾斜，内外墙面皆经过了混凝土装饰，并在内墙面进行了喷砂处理。

外立面局部

第二章 乡土主义

外景局部

外景局部

45

外景局部

第二章 乡土主义

三个内景局部

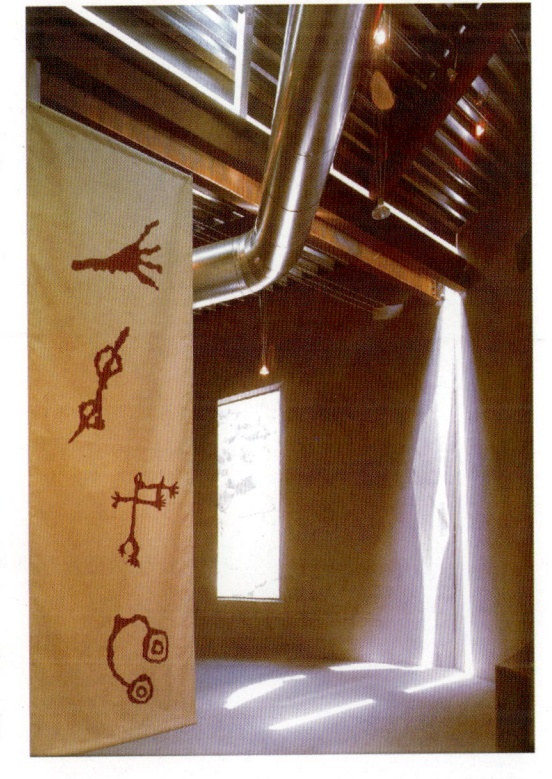

克尔·艾米教堂

建筑设计：威廉·P.布鲁德
建筑地点：斯科茨代尔

  从外面看，这一建筑墙面上的砖块经过了喷砂处理并随意突出，就好像饱经风霜的古堡。但内外墙面上的砖块仅仅是装饰用料而已，石材才是建筑的主体构架用料。

  布鲁德的克尔·艾米教堂为一建筑群，东墙的剖面由内曲线和外曲线组成，并与直线以最大角7°角分开成墙体轮廓，且其上的所有砖块都沿这两条曲线略微内陷，最大深度达13厘米。屋顶呈蝶形，其上开有南北朝向的天窗，射入的阳光与巧妙排列的白炽灯光混合，将整个空间的层次感加强。南墙天花板下有一个方窗，北墙的窗户开在了墙体的下部，立在地板与过梁之间，高12米，高过墙体3.5米，令处在这个房间的人心生虔诚。

侧立面局部

第二章 乡土主义

外景局部

建筑系列——后现代巨匠建筑

两个外景局部

第二章 乡土主义

外景

建筑系列——后现代巨匠建筑

第二章 乡土主义

外景

建筑系列——后现代巨匠建筑

伯恩哈德·温克，德国汉堡造型艺术学院教授，德国当代著名建筑设计大师，他对建筑设计的宗旨是："建筑设计必须基于对建筑和城市的整体性思考。"他在公共建筑空间的设计方面贡献颇大，并"总是在一些特殊的场所中尽力去恢复城市原有的空间尺寸，并对现存的结构加以补充、完善"。砖块尤其是红砖是他建筑设计的最爱，各种科研场所、居民住宅、摩天大楼等建筑中都能见到。

当戈德贝尔·尼森（Godber Nissen）和维尔纳·黑伯勃兰德（Werner Heberbrand）教授还在汉堡造型艺术学院任教时，温克曾拜其门下。后来，他与迪特·帕彻恩（Dieter Patschen）、阿斯姆斯·维尔纳（Asmus Werner）三人（PWW）结成了亲密的战略伙伴关系，并在多个建筑类型领域的设计大赛中获得过大奖。

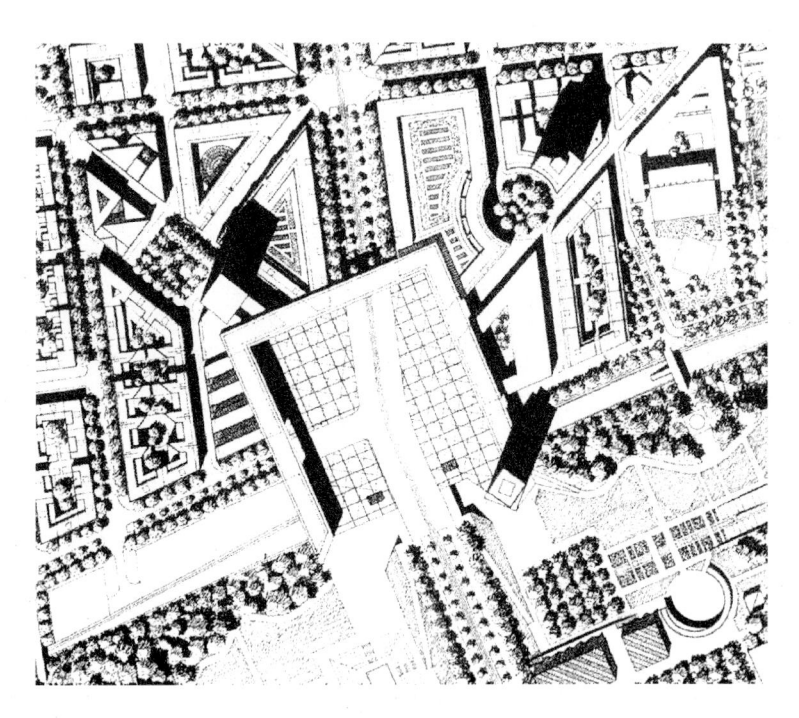

伯恩哈德·温克
（Bernhard Winking）

总平面图

第二章 乡土主义

阿莉塞·萨洛蒙社会教育专科学校

建筑设计：伯恩哈德·温克
建筑地点：德国，柏林

　　当建筑风格开始回归上世纪中后期时，新时代的设计风潮开始躲进了建筑内部。这并不是一个启示或者说诞生了一种新的流派，而是一种传统，是欧洲惯有的对历史建筑保护的传承。到目前为止仍有大量的欧洲城市将国家的现代化建设限定在了室内。

　　阿莉塞·萨洛蒙社会教育专科学校坐落在阿莉塞·萨洛蒙广场，之前此广场叫斯帕尼斯克尔中心广场。从广场的南端，也就是赫勒斯多夫尔大街一直到北端之间有一大片方形地块，学校便以此为基础进行了规划，因而在建成的校园里有一个个方正的形体。建

内景

内景局部

筑的蓝色与天相融，而黄褐色也不与周围建筑相冲突，视觉柔和，对心理没有压迫感。

建筑规划上，图书馆、报告厅和一些工作室等主要公共空间与餐厅和咖啡馆相连，从广场柱廊的后面便可进入。入口设有咨询处，再往前走，通过3层楼的大厅，登上一座楼梯便来到主要的学习区。会堂、传媒工作室、舞蹈室和音乐工作室设在了这个区域的二、三层，而四、五、六层主要用于行政办公与科研教学。楼群的各立面面向中庭，由于立面过于方正，空间在视觉上失掉了为思维注入灵感的活力。

第二章 乡土主义

内景局部

罗特鲍姆新闻大楼

建筑设计：伯恩哈德·温克
建筑地点：德国，汉堡

乡土主义还没有强大到成为后现代建筑中的主角，原因就在于它和其他弱势"主义"一样，不够先锋、不够叛逆，而往往只在心理上居于自己的狭小空间里。

罗特鲍姆新闻大楼，这座竣工时间离柏林墙倒塌仅仅五年的建筑，在外形及体量上让人误解这是一幢冷战时东德的情报所，而它的新闻的功用更加大了人们怀疑。冷战虽然早已结束，事实上也没有真正的赢家，但毕竟这经历了五十年，对政治环境的敏感仍然让不少人陷落在对过去的回忆里，正因为这样，这座建筑在许多德国人的头脑中被打上冷战的标签也就不足为怪了。

新闻大楼原为汉堡的丰特内（Fontenays）家族旗下的财产，而现在归为德国林塔斯（Lintas）的广告代理公司所有。为了应对因建筑空间过大而给员工的出行带来的不便，建筑师设计了三个主要的出入口。而由它的三个转接划分出的四个长方体块也很好地起到了

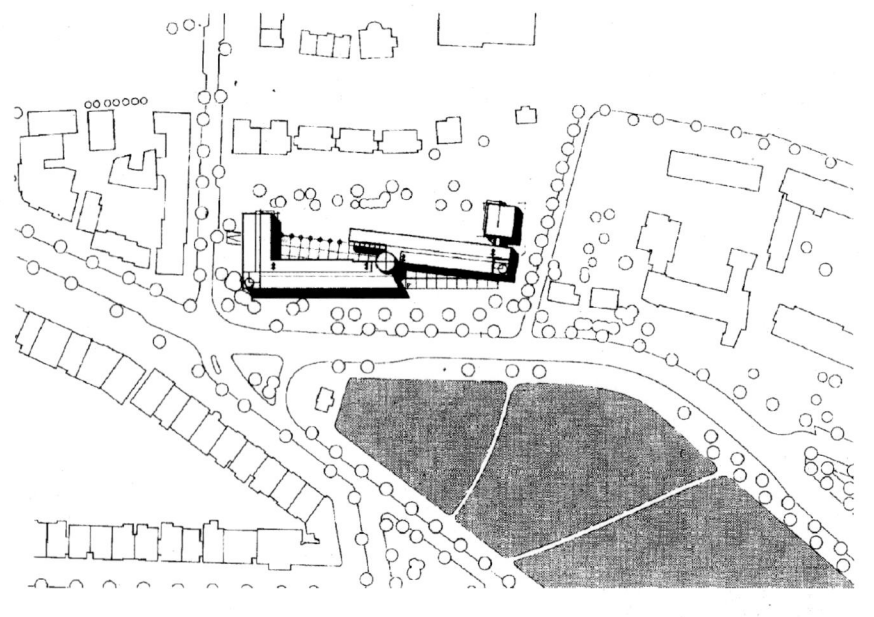

平面图

第二章 乡土主义

侧立面

承接从穆尔维德（Moorweide）到哈维斯特胡德（Harvesthude）两处地产的过渡。大楼的南端与穆尔维德的边线衔接，而北端则与南端错位，地势逐渐地低下去。前方的屋檐略微伸出，并与回退的阳台一起呈现出更多的层次感，使之和哈维斯特胡德的街景遥相呼应。

建筑系列——后现代巨匠建筑

外景

第二章 乡土主义

万德斯贝克办公居住楼

建筑设计：伯恩哈德·温克
建筑地点：德国，汉堡

　　上世纪九十年代末，德国汉堡的邮政系统全面改革，万德斯贝克（Wandsbek）区的原第70邮政局得以翻修，于是一座平面为"L"形的五层楼和一座平面为"U"形的四层楼出现在了旧楼的后面。它们和已有的建筑一起组成了万德斯贝克办公居住楼。两幢新楼相互拉开一定的距离，并和其他空间一道形成了一个内院式结构。另有一幢六层大楼，就设在庭院入口处，并与守院的那两座"塔楼"形成了强烈的视觉冲击。地下停车场直接连到皇宫大道，内设234个停车位。在贝尔瑙大街楼群管理处的右边是一幢公寓楼，它的加入使整个院落有了与周围的建筑相区别的建筑风格。管理大楼和公寓楼大门相对而立，留出的空间使整个气氛更加活跃。温克用赤褐色砖石为管理大楼覆面，装上遮阳板的窗框也使用了木材，温克的设计在这里体现出了城市建筑群少有的与世无争。

立面图

侧立面

第二章 乡土主义

三个外景　　　　　　　　　　　　内景局部

63

建筑系列——后现代巨匠建筑

1984年，史蒂夫·基朗（Steve Kieran）和詹姆斯·蒂伯雷克（James Timberlake）共同创建了费城KTA建筑事务所。在美国，许多的大中型建筑师事务所都被认为是"生产"有余而创新不足。KTA的经营规模虽属大中型，但在创新上却丝毫不压于那些小型建筑师事务所。

在KTA的作品中，我们看到的不仅是极富创意的建筑个体，同时还能发现设计者在有意地将建筑个体、基础设施与景观环境完美地协调起来，并在自然环境与人文空间中创造出了新的建筑语言。随着KTA的创立，业界的设计中就因其而多了一类风格的作品，这些作品多次荣获国际大奖。KTA的建筑设计思想也因为其作品的成功而越来越受到人们的关注。

费城KTA建筑事务所
（Kieran & Timberlake Architecture）

内景局部

耶鲁大学皮尔森学院

建筑设计：费城KTA建筑事务所
建筑地点：美国，康涅狄格州

耶鲁大学成立于1701年10月，一开始并不叫耶鲁大学，而叫"大学学院"，是一所教会学校，校址就在皮尔森家中，后来设立的皮尔森学院便是为纪念他而建。

在建筑风格上耶鲁大学以哥特式和乔治王朝式的建筑为主，也有扩建后的现代建筑。

2004年，费城KTA建筑事务所对皮尔森学院进行了改造设计，主要是对建筑的周期性维护和进行内部现代化设施的更新换代，并完成了符合新的人身安全规范要求及无障碍设计要求的工作，还加大了每个学生的起居空间，同时对餐饮区和休闲活动区的修整也是此次工程的重点之一。

内景

内景局部

达拉谟小学

建筑设计：费城KTA建筑事务所
建筑地点：美国，北卡罗莱纳，达拉谟

　　这是一次大师的赶工行动，可见精品也能赶出来。
　　极具压迫感的工期和令人郁闷的预算成了大家思维的障碍，因此在手法上便要有所考虑了。建筑外体先来个"粗加工"，预制板和清水砖的使用便是体现。"粗加工"之上才是"精加工"，这是对一系列的面板的使用，其中有的面板还带有布告栏的功能。
　　教室采光以自然采光为主。门厅开阔，视野良好，光线成了这里的主角。廊桥和过道两侧设有大片的幕墙。为了方便日常的清洁护理，可自然清洁的天然材料在空间上得以大量使用，例如在墙面、顶棚上。自然通风设施的高度完善也是其一大特色。

外立面

建筑系列——后现代巨匠建筑

外立面局部

第二章 乡土主义

外立面局部

建筑系列——后现代巨匠建筑

芬兰展馆

建筑设计：费城KTA建筑事务所
建筑地点：芬兰

　　岩层分裂是芬兰中部荒野上常见的地质现象，自古以来这样的一种地貌奇观或者说恐怖景致就是当地居民迷信的对象，人称"地狱之井"。

　　为了把展馆弄得鹤立鸡群，与周围的时尚建筑形成鲜明的对比，芬兰展馆走的是质朴路线。馆场由两个雕塑体构成："机器"与"龙骨"，连接它们的便是"地狱之井"，一通狭窄的竖井。

　　用芬兰松手工完成的"龙骨"很像是船体的木龙骨，分为侧面和屋面。建筑的建造方式也是按照传统木船的建造方法实行的。内部便是展厅，黑洞洞的空间里有着芬兰木炭焦油的清香。设计上首先要考虑的就是芬兰特色，大师使用了大量的芬兰木材，在材质的造型上也极具芬兰民族特色。室内还设有许多抽象的雕塑体，以迎合当下时尚的城市风潮。看得出这既是在树立民族形象，又是在完成外交工作。

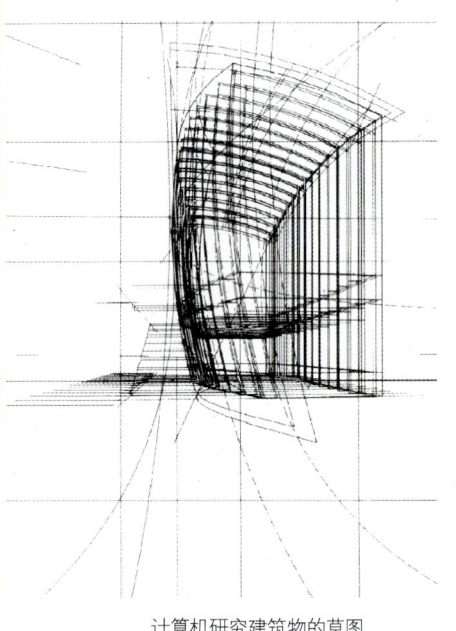

两个建筑楼体之间的对比关系

计算机研究建筑物的草图 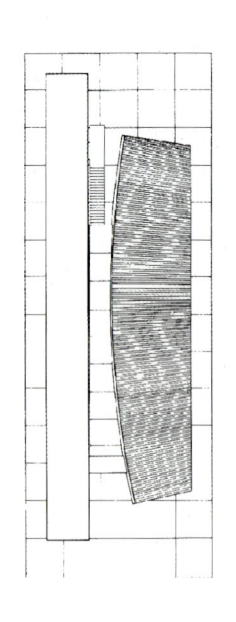　　屋顶平面图 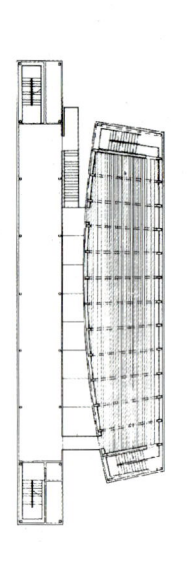　　第二层平面图 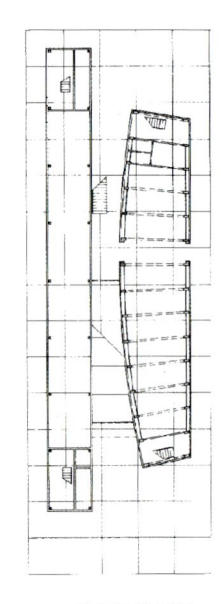　　地面层平面图

第二章 乡土主义

外景局部

第三章　历史主义

　　历史主义建筑是最具文化传承的建筑形式，一个城市可以没有解构主义，可以没有新理性主义，也可以没有高技派，但却不能没有历史主义。它是其他所有"主义"的参照，也是它们的连接，同时它又是相对的，它也要在历史的长轴上去找寻属于自己的原点。

　　历史主义是对人类社会发展史上所取得的精神文化遗产的回忆与点评。精神文化的范畴十分广泛，其中大部分都能在建筑的设计建造中得到体现，若还留有多余的空间，我们还能加入民族风采、地方特色，也能加入一些非理性元素，让现代与历史沟通，让文脉得到尊重，也让群体认同感更加鲜明、更加充满激情。

　　历史主义为那些努力发掘过去的辉煌并使其不再沉默的大师们提供了一扇面向世界的大门。

建筑系列——后现代巨匠建筑

冯·格尔坎·马尔格，德国理性主义建筑设计大师，1965年创立GMP建筑师事务所，而他的大部分杰作也出自GMP时期。马尔格是一位忠于德国严谨设计风格的现代主义建筑家，作品简洁而整体性强，也不失多样性与强烈个性的表达，在材料的处理、细部的搭建和结构化的设计中蕴藏着德国民族所特有的细腻和精致。其最具代表性的作品包括柏林新中央车站、柏林奥林匹克体育场的重建、2000年博览会克里斯蒂展场以及斯图加特21世纪城市规划。

冯·格尔坎·马尔格
（Von Gerkan-Marg）

东立面的玻璃楼梯

希尔曼汽车库

建筑设计：冯·格尔坎·马尔格
建筑地点：德国，不莱梅

　　希尔曼汽车库是一座大型的城市停车库。大楼分两部分，底层用于商业服务，其余的作为车库使用。车库共七层，采用错层式分布，车容量为529辆。马尔格用开敞式手法打开了墙面，入口楼梯沿对角线横穿主立面，以形成一条新颖的导引线，免去了作为车库常有的死板，而这也并没影响到建筑特有的功能——人居空间丰富多样，而车居空间却往往埋于地下，少有的在地面以上，但毕竟是城市的配角。马尔格的设计打破了这一切，他以景观规划的形式为城市服务作出了创新。

砖墙上的方格窗洞

第四章　折衷主义

　　折衷主义建筑师对比例匀称、纯形式美特别眷恋，他们是文艺复兴的天才追随者，身披着先人的长袍从十九世纪上半叶走到二十世纪初。历史上各种建筑风格、建筑形式都成为他们的素材。在操作中他们对其自由组合，从不遵循固定的模式，他们敢于模仿历史上任何一种建筑风格。

　　十九世纪中叶法国的折衷主义建筑最为典型，巴黎高等艺术学院是当时传播折衷主义艺术和建筑的源头。而到了十九世纪末二十世纪初，美国则成为最大的播散地。

　　折衷主义建筑思潮不可怕，更不会致命，只是有些保守。护道者没有在新建筑材料和新建筑技术中建起新建筑形式，树起时代标杆，而是在历史机遇面前进入转角。这是思维的惰性，还是思考的怯懦，我们不去追究，可以预见的是，若干年后，它还会回头。

建筑系列——后现代巨匠建筑

矶崎新，1931年生于日本大分市，1954年获得日本东京大学工学部建筑专业学士学位，1961年得到东京大学建筑学博士学位，日本著名建筑设计大师。1963年他离开都市建筑设计研究室（丹下研究室），独自创立矶崎新设计室。二十世纪六十年代他凭借一组新陈代谢主义的设计作品一举成名。从此，他屡屡发表具有重大时代意义的建筑作品，并逐渐成为国际知名的建筑大师。他的作品多为大型公共建筑，它们的建筑曲线往往与周围的建筑体形成鲜明的对比，并在建筑局部的构造上表现出一定的节奏与规整的秩序。十分有趣的一点是，在矶崎新40年的设计工作中，有若干"未建成"作品，而它们的知名度往往要比那些建成的作品更高。 在作品中，矶崎新将东西方文化进行折衷，并在诗意的隐喻中努力挖掘历史新意与人脉中的时尚元素。怎样表达新颖的建筑造型是其重要特征，其简单的几何构形中表达出的是日本传统文化中惯有的幽雅纯净。对他而言，对建筑设计的操控更多的是对建筑体怎样表达当地文化的讲述。

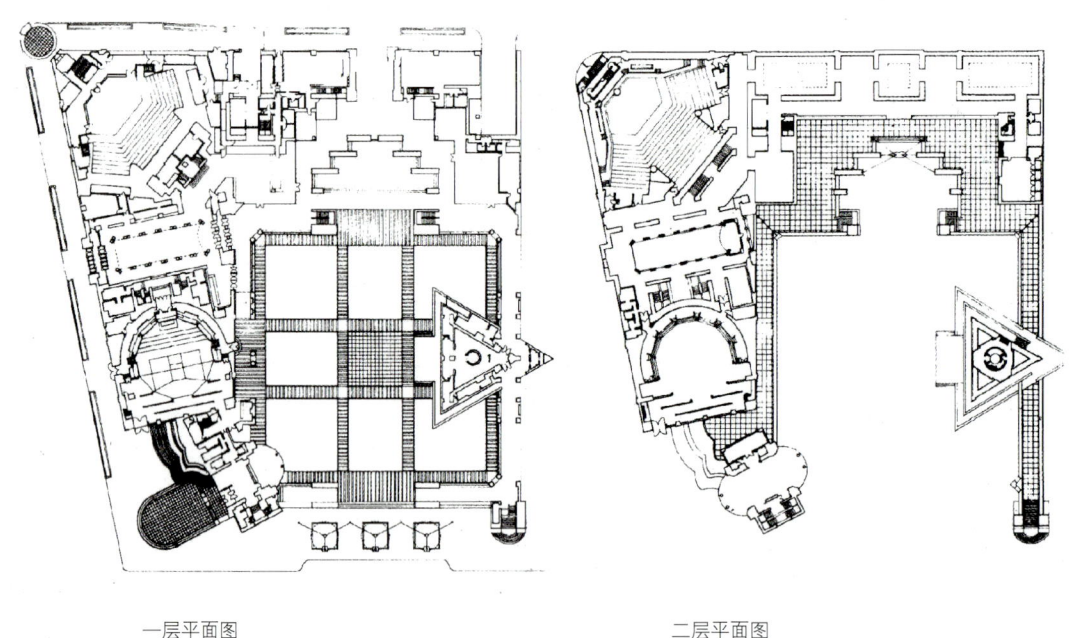

矶崎新（Isozaki Arata）

一层平面图　　　　　　　　　二层平面图

水户艺术馆

建筑设计：矶崎新
建筑地点：日本，茨城

  水户艺术馆的建筑规划取自柏拉图《泰米亚斯》中的四大元素——火、土、气、水，建筑占地13 941平方米，而作为第五元素的人则被矶崎新独到的建筑思想进注到前四种元素之中。

  各个独立的建筑围绕着广场，包括有剧场、音乐厅、现代美术画廊、会议厅和一座标志塔。纪念塔高100米，独霸了水户的天空。钛合金裹面的56个四面体相互叠加并以螺旋状攀升而上，象征了"火"。整个塔身玲珑富于动感，确有几分火舌的形象。现代美术馆象征"气"，正方形的广场象征"土"，而那座喷水池自然就是"水"的象征了。

  艺术馆的每个功能部分均没有单独入口，更多的"第五元素"得通过一处共用的门厅出入。

内景局部

建筑系列——后现代巨匠建筑

内景局部

富山博物馆

建筑设计：矶崎新
建筑地点：日本，富山

  立山位于日本富山县，是日本的圣山，也是"立山信仰"的源头。自古日本人就认为登上立山就等同于完成了从地狱到"极乐净土"的历程。

  富山博物馆是立山博物馆的分馆，这里同样宏扬着悠久的立山文化。"布桥灌顶会"作为其建筑构思之一，完成了一个现代的女性拯救仪式。矶崎新设计了一条河流，并让它穿过一个峡谷。河上架有一座桥，一头为"此岸"，一头为"彼岸"。女性穿着死后的衣物，将眼睛蒙上，穿过用白布铺好的"布桥"，也就从人间到达了极乐世界，完成了人生的救赎。

  馆内设有立山自然历史展览馆、曼陀罗游园、羚羊园（休息区）、瞭望馆、影视厅以及被定为日本国宝的江户时代中期旧岛家府邸。

远景

建筑系列——后现代巨匠建筑

外景局部

第四章 折衷主义

北九州国际会议中心

建筑设计：矶崎新
建筑地点：日本，九州，福冈

1990年竣工的北九州国际会议中心，占地9395.17平方米，地下一层，地上八层，外形和色彩是它最大的特色。

矶崎新从解构主义中吸取养料，将无序之美融入到色彩、建筑空间的拼贴之中，并通过柔和的曲线将各个区间相连。中小会议室和国际会议室处在同一分区，顶棚呈波浪形，由此带来的韵律感使大厅更像是音乐厅。其他分区采用了方形的设计，门口处的高塔更像是将一个个大小不同的矩形体直接吊装而成，与会议中心连贯的曲线形成鲜明的对比。建筑地处博多湾边，屋顶的曲线与大海的波浪交错起伏，而方正的体块又与城市遥相呼应，整体上似于船行于海上，乘风破浪。所有屋面色彩黑灰，从空中俯瞰，只见到不规整的平面布局，其他并无显眼之处。建筑的立面，使用了大红和棕黄，十分抢眼，以此激活了所在区域沉闷的建筑灵魂，也成为从海上远望陆地的一处方向标记。建筑的窗户也很别致，大方形、小方形，有连成一片的，有分散成圆孔的，还有倾斜向天的，窗户的装饰性在这里得到加强。中庭由两个水平面通过阶梯连接而成，站于其中，水平的天际线完美地过渡到漫动的波浪形，和白云有着互动。

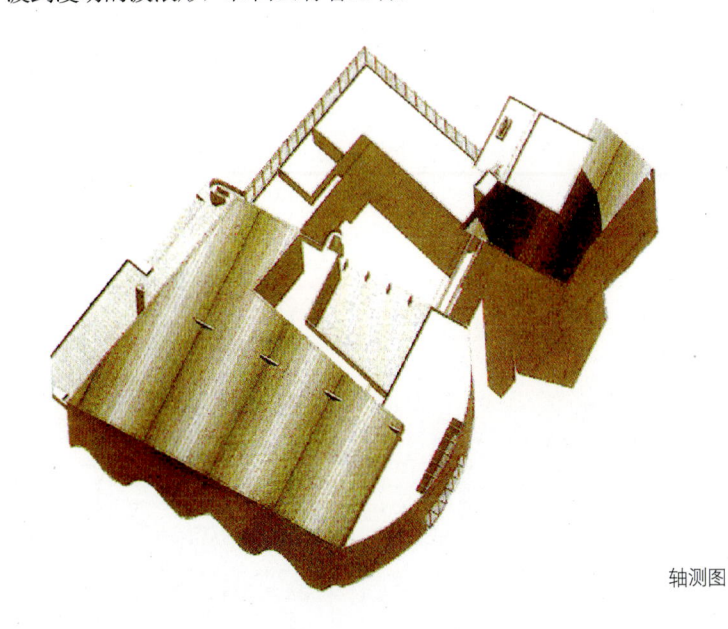

轴测图

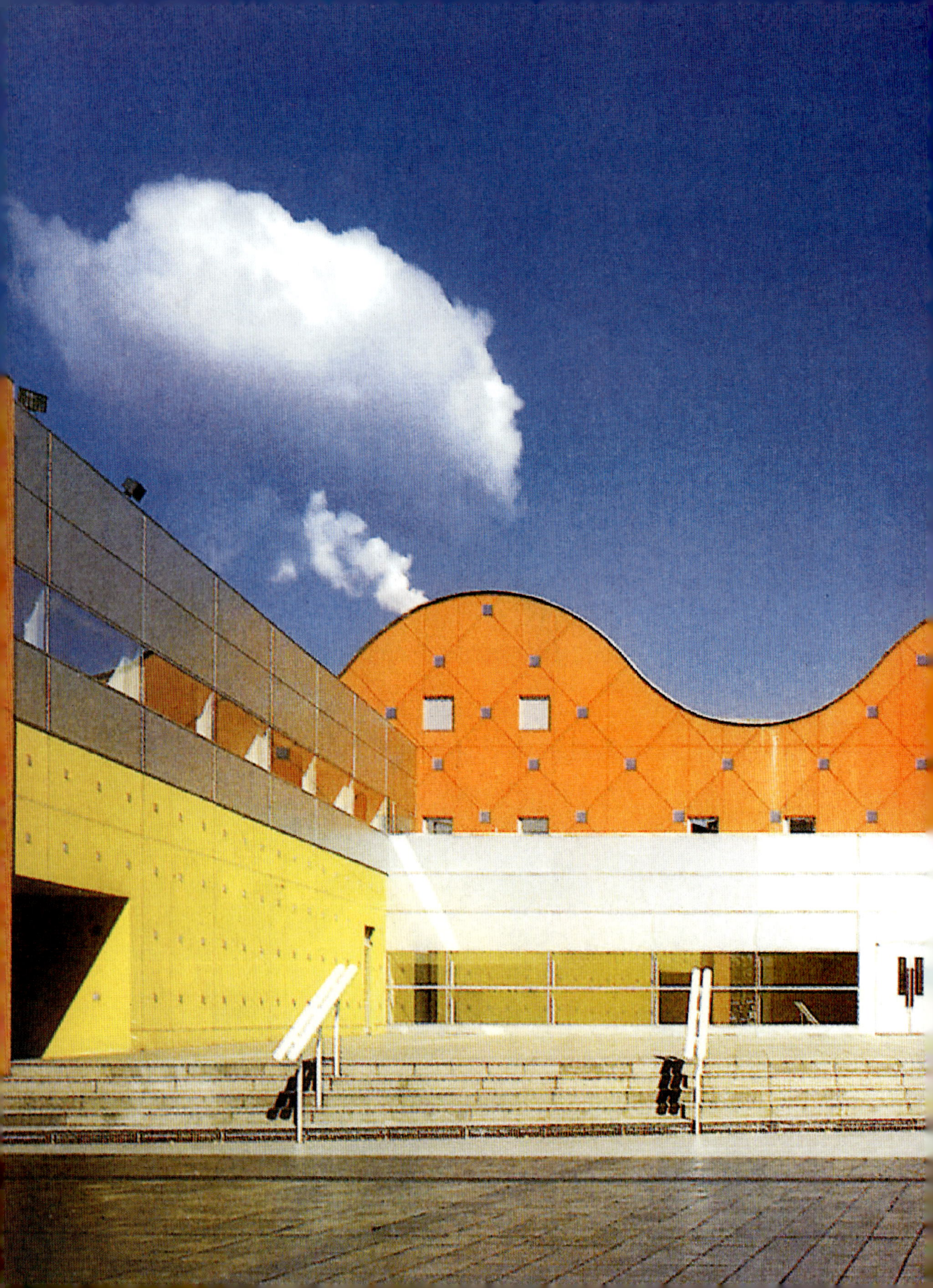

外立面

建筑系列——后现代巨匠建筑

京都音乐厅

建筑设计：矶崎新
建筑地点：日本，东京

  矶崎新的京都音乐厅内融古典主义，外显现代风格，是大师极力将日本传统信仰和西方文化相融合的产物，也是其二十世纪九十年代的重要作品之一。

  音乐厅外形浑厚自定，给人一种日本大鼓般的共鸣效应，并用弯曲的槽状立面结构来表现音乐的美感。

  音乐厅采用鞋形设计，可入座1800多人，日本最大的管风琴也设于此厅。这里还设有小音乐厅以应对小型音乐会和演讲之类的活动。馆内的其他空间如餐厅也弥漫着浓郁的欧洲风格。

外观立面

第四章 折衷主义

内景

　　建筑在设计中充分考虑了周边环境和城市规划。不论从材质的选取还是功能空间的划分，无不有着矶崎新对东西文化的融合、工业与艺术的相互理解的诗意表达。

外景

第四章 折衷主义

内景

外景

建筑系列——后现代巨匠建筑

内景局部

第四章 折衷主义

内景

建筑系列——后现代巨匠建筑

让·努维尔，1945年生于法国洛特-加龙省，毕业于国家高等艺术研究所，法国当代著名建筑师。1980年，他成为巴黎建筑双年展的主办人。1982年的巴黎阿拉伯文化研究中心确立了努维尔作为法国建筑大师的地位。1983年他获得文学与艺术勋章。在他的设计理念中，自然环境、城市规划以及社会文化占有重要的位置，他常用钢和玻璃进行创作，并在作品中将光的作用发挥到了极致。

努维尔对建筑基地环境、文脉要求的考研，使他在建筑的功能设计方面十分到位。同时他也不乏讽喻的才能，凯布兰利博物馆便是其中一例，当中的大几何体块给人印象深刻。

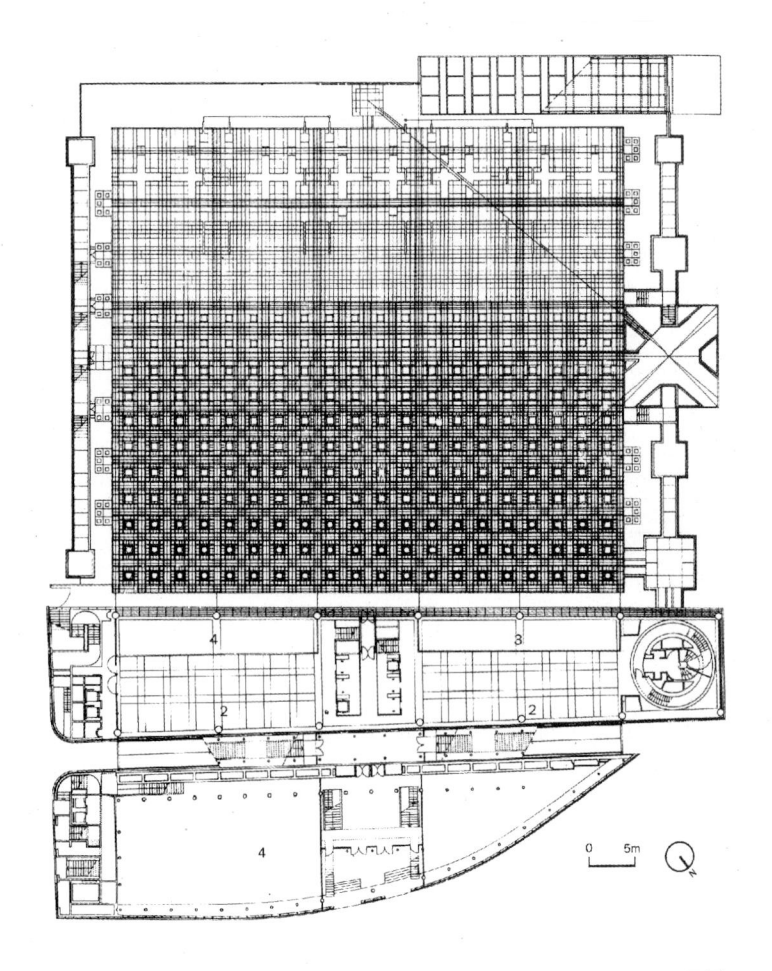

让·努维尔（Jean Nouvel）

平面图

第四章 折衷主义

阿拉伯世界文化中心

建筑设计：让·努维尔
建筑地点：法国，巴黎

　　建于1981年的阿拉伯世界文化中心（IMB）是让·努维尔的成名之作，那时他已经36岁了。从设计这座建筑开始，努维尔的设计风格日渐成熟。

　　文化中心位于塞纳河南岸，是一座用钢、玻璃以及光打造的大厦，既现代又富于民族风味。建筑的主题是光的重生，努维尔在对光的采集、反射、折射和避光的处理上，别出心裁，让室内获得了梦幻般的感觉。为了实现这样的效果，努维尔的手法可谓新奇：自动化照片感光控制设备被装置在南墙、大理石的采光井在中间悬挂着、利用滤光框及将格子重叠起来处理光线的做法室内到处都是，这就使得室内光线层次丰富，并能有效地控制光线强度。

　　中心内有博物馆、图书馆、临时展出厅、会议厅、文献中心及其他辅助功能空间。在主体规划上一个方形广场将其分离，一条细缝般的入口朝向巴黎圣母院，向里便到达方形内庭。一座白色圆柱体塔楼作为图书馆隐藏在玻璃幕墙之下，亦真亦幻。

墙体局部

建筑系列——后现代巨匠建筑

外景

第四章 折衷主义

外景局部

凯布兰利博物馆

建筑设计：让·努维尔
建筑地点：法国，巴黎

在埃菲尔铁塔旁修建凯布兰利博物馆是法国前总统希拉克的权利，地理上的优势让到了埃菲尔铁塔的人又会顺便拐道去凯布兰利博物馆看一看。

凯布兰利博物馆通过支架悬于空中，像一艘形状怪异的外星飞船，又像是一列五彩斑斓的火车。建筑是由无数的线、面、体堆砌而成，在安排上各自分开，每个细部又以颜色区分。对屋顶的规划表现出公共空间和私有住宅的类型代码。至此，博物馆可以不必是静态的空间单元，抑或是某种功能区分体。

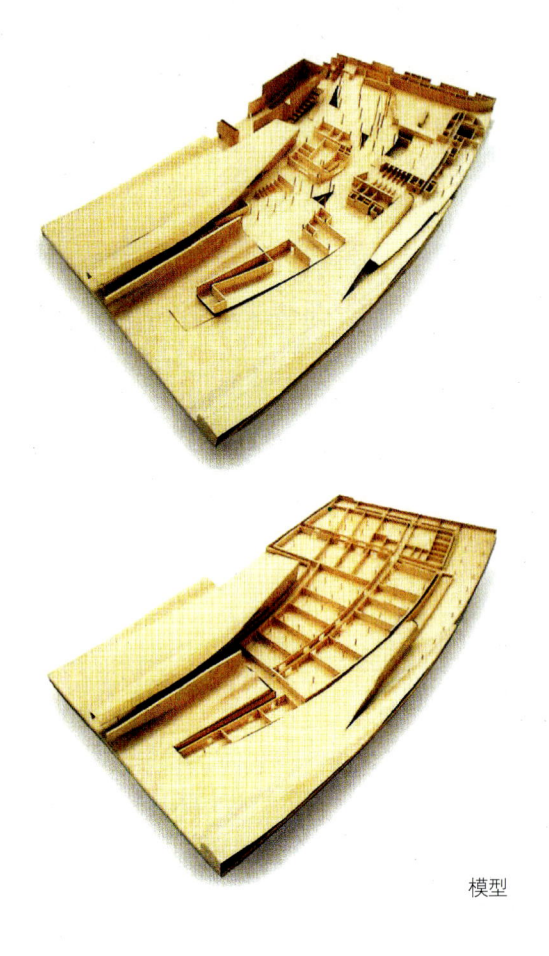

模型

第四章 折衷主义

效果图

　　凯布兰利博物馆又称布兰立埠博物馆、原始艺术博物馆，更有人戏称它为"他者博物馆"。馆藏主要来自非洲、美洲、大洋洲和亚洲的极具原始风格的古今作品。

　　由于该馆特有的地位，这里挪来了展放在巴黎非洲与大洋洲艺术馆的2.4万件以及人类博物馆的25万件各大洲艺术佳品。其中3500件作品展放在550个展柜中，而剩余的绝大多数珍品被放在一个6000多平方米的保管仓库中，这些只作临时展出。

97

第五章　高技派

高技派也叫"重技派"，在部分人眼里这是一种强迫艺术。高度的工业文明是人类对自身定义的强化，是进化的讽刺。人类活动空间的工业异化使得许多艺术大师就地取材，挖掘这一苍白惨淡的机器世界的闪亮外表，而且要更艺术、更夸张地体现人类改造自然的能力，以抚慰我们脱离自然属性时受伤的心灵。

二十世纪五十年代后期在建筑造型风格上刮起了一股"高度工业技术"设计的飓风，并形成流派，即"高技派"。理论上机器美学和新技术的美感备受推崇，应用中变化表现在三个方面：一、高强度钢、硬铝、塑料和各种化学工艺等新时代的科技成果得到大量应用，使得建筑体现出可快速灵活装配的特性；系统设计和参数设计的观念得到强化；预制化标准构件得以大量生产。二、在机器美学的外表下满足更多的功能需要，并保持结构不变。三、在传统的美学背景下用高度工业技术化的新时代审美观教化大众，以使其容易接受并产生愉悦的心理效应。

从积极的方面看，现代建筑精神在高技派建筑中得到坚持和发扬，表现出强烈的后现代主义风格。近年来，在对建筑与生产空间的艺术化、系统化的制造中，绿色文化的建筑理念已从高技派建筑最初单纯重视建筑功能的灵活性和显示高科技艺术中脱颖而出。诺曼·福斯特和伦佐·皮亚诺是这一领域的杰出代表。

建筑系列——后现代巨匠建筑

保罗·安德鲁，1938年生于法国波尔多市冈戴昂，曾就读于法国国立道桥学院和巴黎法国高等学术学院，为高技派建筑设计大师。大部分中国人对他的了解是从他为北京设计的中国国家大剧院开始的。他设计过多个国际级机场，包括尼斯、雅加达、开罗、上海等国际机场和巴黎戴高乐机场候机楼。除机场外其作品还有巴黎德方斯地区的大拱门、英法跨海隧道的法方终点站等。

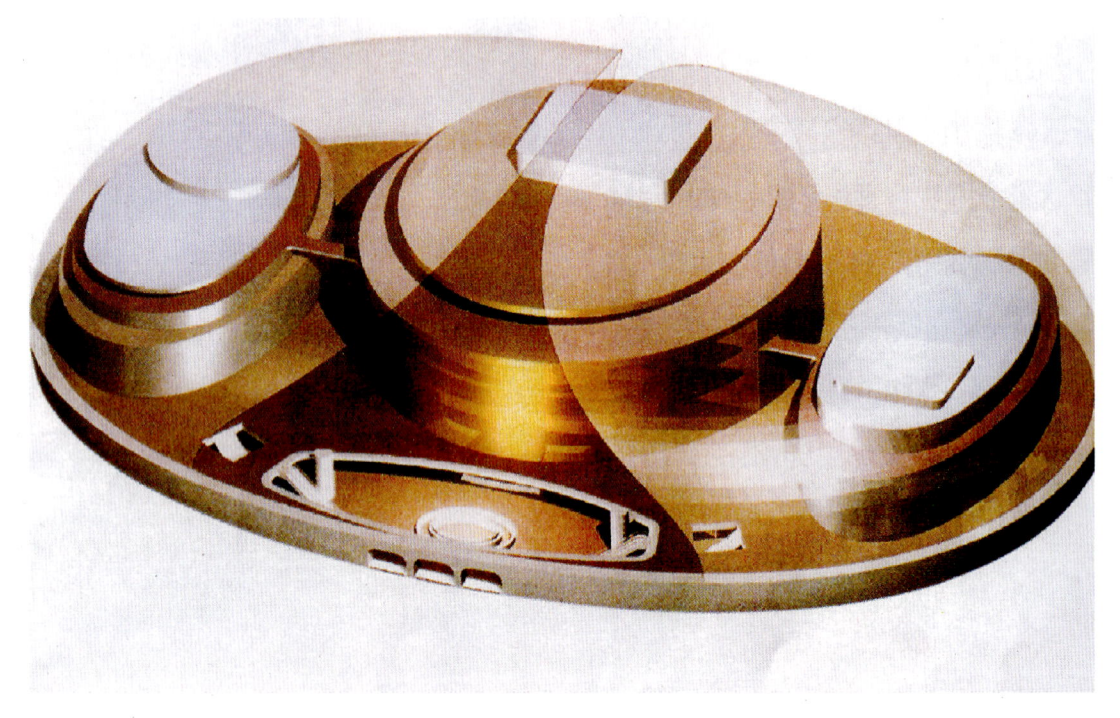

保罗·安德鲁（Paul Andreu）

空间模型

100

中国国家大剧院

建筑设计：保罗·安德鲁
建筑地点：中国，北京

  这是北京现代化进程中不可或缺的一张脸谱，它先于鸟巢和水立方。

  安德鲁设计出了椭圆体造型的上半部分，而3.55万平方米的人工湖导引出了下半部分。一个实体，一个虚像，相互间完美的组合形成了一个巨大的"眼球"，将地平线静静地抹掉。

  中国国家大剧院以钛金属裹面，并用玻璃幕墙剖开前后两个侧面，形成两个大三角，从这一玻璃幕帐里望进去，内部空间依稀可见。光线打在外壳上，晶莹闪烁，和着波光粼粼的水面，景象便抽象成一座艺术的宝库。

  剧院内部设有歌剧院、音乐厅、戏剧场、公共大厅及配套用房间。环岛湖的存在使得北侧主入口、南侧入口和其他通道均被安设

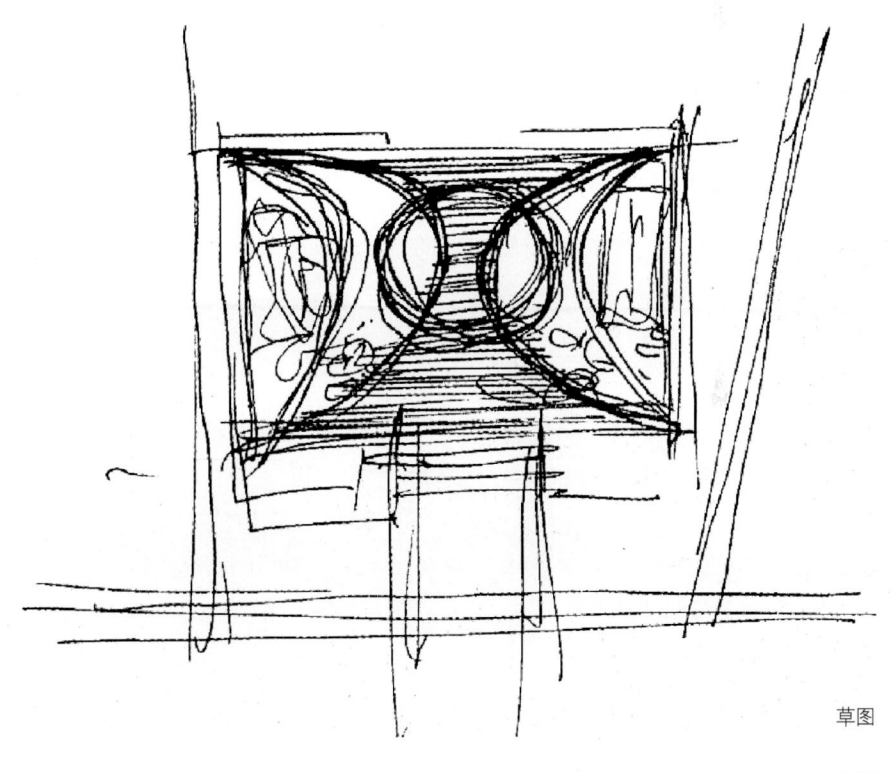

草图

建筑系列——后现代巨匠建筑

鸟瞰效果图

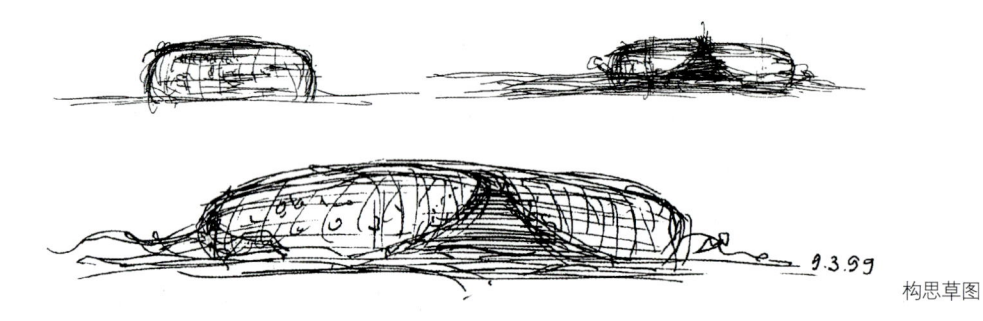

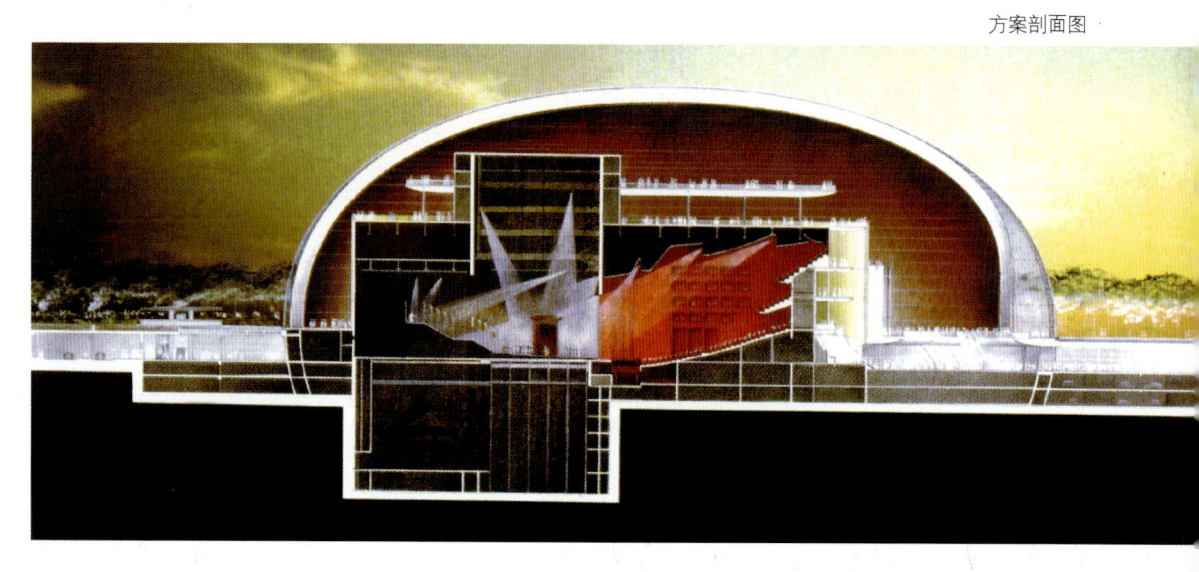

构思草图

方案剖面图

第五章 高技派

效果图

在水面以下。通往演出大厅的通道长达80米。通道两边设有展厅、商场等休闲服务场所。而在地面以上，湖的四周为文化休闲广场。

中间的歌剧院、东侧的音乐厅、西侧的戏剧场构成整个演出空间的主体。空中走廊将这三个独立的空间相互连通。

夜晚的剧院透过灰色的钛金属板和玻璃立面放射出耀眼的光芒，此时出现在世人眼前便是这座城市中最大的夜明珠。

建筑系列——后现代巨匠建筑

效果图

104

夏尔·戴高乐机场第二航空港F候机厅

建筑设计：保罗·安德鲁
建筑地点：法国，巴黎

　　1967年保罗·安德鲁负责设计并修建了巴黎夏尔·戴高乐国际机场。

　　2F候机厅体量上超过了之前修筑的候机厅，在夏尔·戴高乐机场综合体扩展的第一阶段修建，周围的配套设施主要有高速列车车站和喜来登（Sheraton）饭店。规划上2F候机厅就处在交通分流系统的核心位置，与公路、高架桥相连。对乘客运送系统的设计，大师发挥了第二航空港树状分流系统的优势，将2F候机厅纳入其中。厅塔有两条登机走廊。在整个空港的规划中，它是2F候机厅的一个重要连接部分。

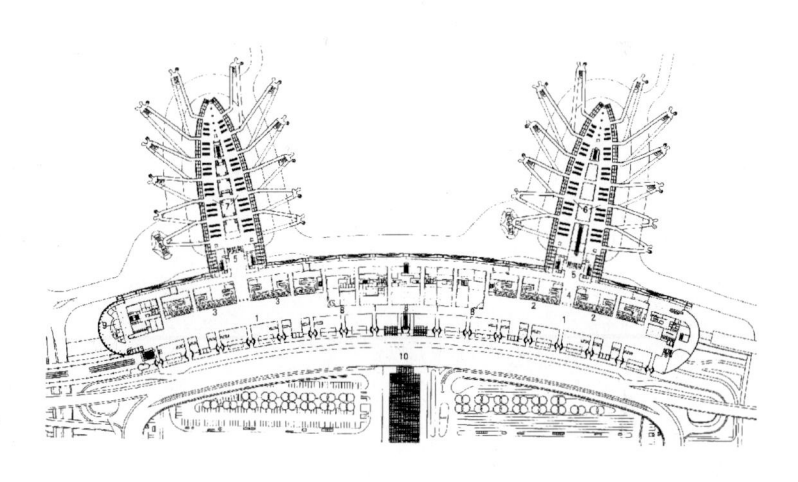

平面图

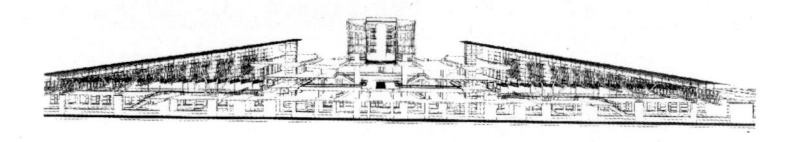

剖面图

建筑系列——后现代巨匠建筑

第五章 高技派

正轴测图

外景

107

建筑系列——后现代巨匠建筑

诺曼·福斯特，1935年生于英国曼彻斯特，1961年从曼彻斯特大学建筑与城市规划学院毕业。青年时的福斯特曾得到过切马耶夫教授以技术为基础的现代主义建筑设计的训练，并受到过"高技派"之父拜克明斯特·富勒的轻质金属悬吊结构、密斯·凡·德罗等其他高技派大师作品的启示，由此发展成为高技派领军人物。1967年，福斯特自己的事务所成立，从此他便努力地研究起美国的先进建筑技术，并影响到诸如香港汇丰银行、新德国国会大厦等标志性建筑。福斯特曾获得过法国建筑协会金奖、密斯·凡·德罗奖的欧洲建筑大奖、美国建筑师协会1994年建筑金奖、美国艺术与文学学会阿诺德·W.布伦纳纪念奖等，并于1999年获得第21届普利兹克建筑奖。

福斯特的作品中结构化材料搭建最为明显，这已成了高技派的代表手法，且他对光线的合理运用也令其作品充满魄力。

诺曼·福斯特（Norman Foster）

内景局部

柏林新议会大厦

建筑设计：诺曼·福斯特
建筑地点：德国，柏林

　　1933年希特勒唆人放火烧毁了原柏林议会大厦顶部的铜质穹形圆顶，即有名的"国会纵火案"。1962年后的"政治改革"给了福斯特一次大胆尝试的机会。金属与玻璃的完美运用是现代人以自己的聪明才智与伟人并肩在同一个空间的不同表达。大量的自然光线被引进圆顶，并向下直达大厅，同时大厦的远眺效果也得到增强。圆顶内部无数光亮的反光片组成一个多面棱柱，好像有一股清泉喷注而下，圆球内壁则有一条人行天道螺旋而上。

内景

建筑系列——后现代巨匠建筑

内景

香港汇丰银行

建筑设计：诺曼·福斯特
建筑地点：中国，香港

  香港汇丰银行总部大楼建筑在排成三跨的八根由五组两层楼高的横向钢桁架连接的钢柱结构上。横向钢桁架由底部的水平弦杆和倒扣的"W"形内外斜梁构成。大楼外立面采用双层玻璃外墙及经由高科技喷涂的铝制表面。三跨结构的内部空间高度不一，楼层错落有致。各个小尺度空间通过中空大堂相互连接，人员往来、公事繁忙一览无余。大厦的底层是开放的公共广场，多级自动扶梯连接着各个大厅楼层。建筑为空间的重新设置保留了最大的余地，使办公位置更加灵活多变。1995年，建筑师只用了6周的时间就将一个新的证券厅安设在了建筑的北部。

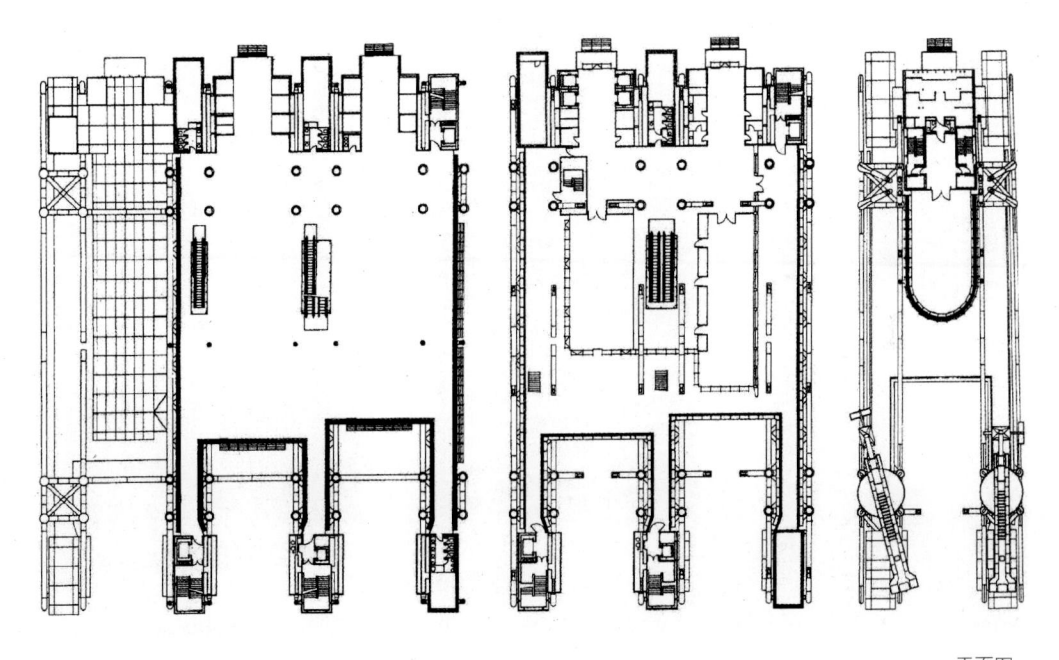

平面图

建筑系列——后现代巨匠建筑

远景立面

屋顶细部

建筑系列——后现代巨匠建筑

埃里克·范·埃格拉特，1956年生于荷兰阿姆斯特丹，1984年毕业于台夫特陶器工艺大学，荷兰新生代建筑大师中的代表，也是荷兰当代著名设计集团麦坎努（Mecanoo）的成员。1980—1981年他曾任职于阿姆斯特丹"阿博玛、赫泽温克与迪克斯"建筑设计事务所和城市发展部门，并于1995年正式成为麦坎努建筑事务所的合伙人。他的设计不拘一格，且往往出人意料。他的天才也给他带来了无数的奖项，包括：1981年鹿特丹青年住宅大赛"克鲁斯佩林"一等奖、1984年联合国教科文组织 "未来住宅"大赛荷兰区一等奖、1994年斯图加特IGA试验住宅建造规划"古特·鲍滕"奖。

埃里克·范·埃格拉特
（Erick van Egeraat）

内景局部

第五章 高技派

荷兰国际集团银行和保险公司

建筑设计：埃里克·范·埃格拉特
建筑地点：匈牙利，布达佩斯

将一只"鲸"饲养在匈牙利的布达佩斯——这座在法国人的心目中世界上最安静的首都，不仅需要充分的幽默，同时还要面对匈牙利的古建筑保护者的责难。幸运的是埃里克·范·埃格拉特终于来了——1994年的荷兰国际集团银行和保险公司布达佩斯分公司从此落户这里。

建筑设计属于改造加建，设计以一座建于1882年的白色意大利式建筑为基底，将建筑的中庭上加二层，这两层由钢结构支撑，在外形上如同一只鲸；外表上采用了锌板，在内表面采用了亚麻织品。埃格拉特在对透明空间的处理上运用了大量的曲面玻璃并在体表的结构性支撑中采用了层压玻璃梁，因此得到的效果便是一只水晶生物。

远看立面

建筑系列——后现代巨匠建筑

内景局部

　　虽然在二十世纪五十年代经历了欧洲的建筑革命运动，但在二十世纪九十年代的布达佩斯城市改造中，埃格拉特仍不敢进入到城市中古老建筑的内部。"鲸体"立在古建筑的顶部中央，除开支撑物外完全与下面的楼层相分离。采用如此反常态的设计体现出了匈牙利政府对欧洲一体化进程所持有的认同与矜持。

第五章 高技派

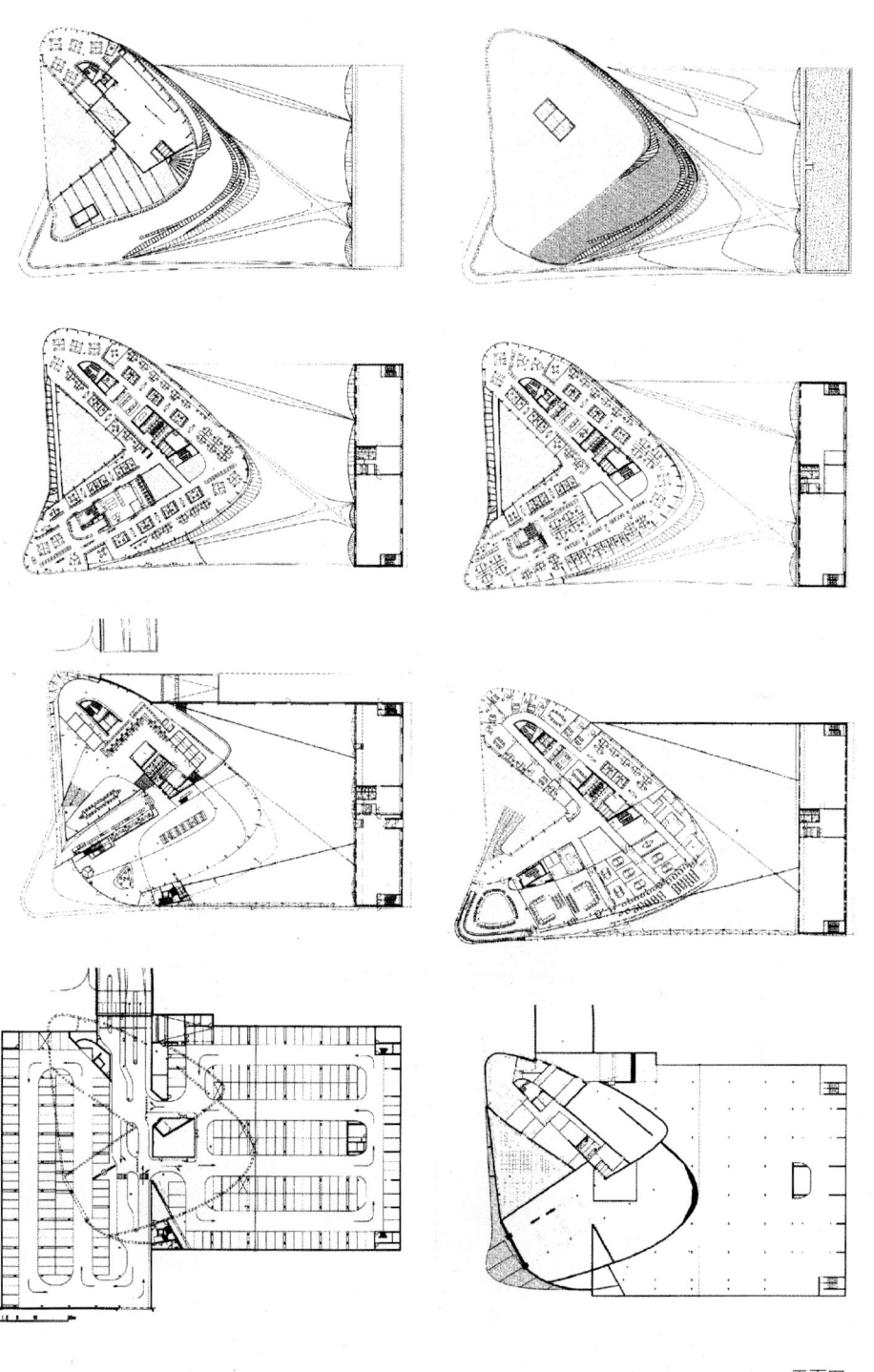

平面图

117

建筑系列——后现代巨匠建筑

高松伸，1948年生于日本，日本著名建筑大师，在他的作品中有许多后工业时代抑或是古典机械式建筑的影子，他被称为建筑界的"科幻大师"。

1971年高松伸毕业于京都大学建筑系，1979年从京都大学研究所毕业后一年，他便创建了高松伸建筑事务所，1988年又成立了高松伸规划事务所。所获奖项包括日本建筑学院年度奖和京都地方文化服务贡献奖等，1995年成为美国建筑学院名誉成员。他的主要作品有：京都ARK牙医诊所、植田正治美术馆、大阪道顿崛麒麟大厦、福冈欧姆拉时尚学院、冲绳国家剧院和天津博物馆等。

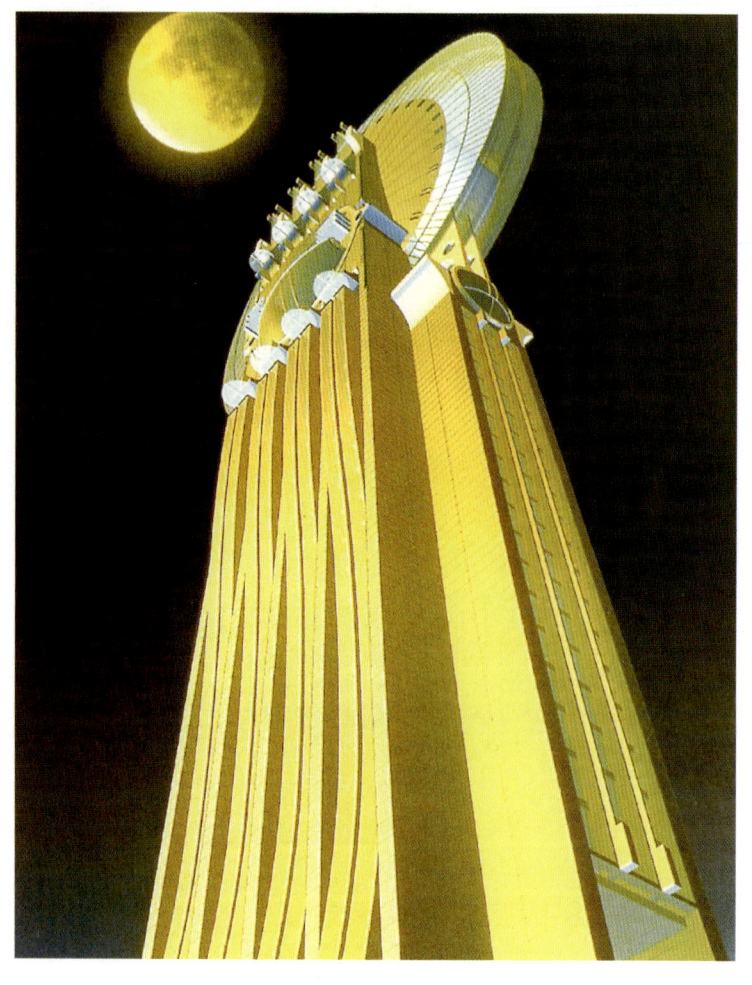

高松伸（Shin Takamatsu）

效果图

月亮塔

建筑设计：高松伸
建筑地点：莫奇卡

　　高松伸在这件作品中依然采用了他惯用的古典机械主义设计风格，钢铁材料被大量使用。建筑环境十分空旷，建筑的标志性得到加强。建筑顶部是三叠状的大圆盘，圆盘两侧为月亮图案。支撑起圆盘的是一根方形立柱，柱上有流线型波浪纹，好似月光倾泻而下。整个建筑表面充满了线条，圆形、弧形和直线形。若干线条的存在暗示着理性色彩的丰富，排列的方式有并列、辐射和大小对比，类似于古代妇女头上的配饰。建筑侧面相对窄小，立柱式的效果十分明显。塔基为一倾斜的不规则拱状物，并将建筑空间延伸到地面以下。塔体表面有浓重的反光效果，光影方面的考虑是建筑体不可分割的一部分，皎洁的月光之下，形与意的结合，使月亮塔如诗一般灵动起来。

效果图

建筑系列——后现代巨匠建筑

正面效果图

第五章 高技派

侧面效果图

建筑系列——后现代巨匠建筑

圣地亚哥·卡拉特拉瓦，1951 年生于西班牙瓦伦西亚，世界著名的高技派代表人物之一。1984 年的巴塞罗那奥运会中的罗达大桥为他首次赢得了世界声望。他既是建筑师又是工程师，因此他对从结构中发现建筑体独特的美有着深刻的体会。他的作品多以奇特的桥梁设计和造型建筑而备受青睐，如塞维利亚世界博览会委托其设计的阿拉米罗大桥、毕尔巴鄂沃兰汀步行桥和巴伦西亚阿拉米达大桥等。1979年他获得瑞士苏黎世联邦工学院的结构工程博士学位后，留在苏黎世联邦理工大学任教，同时也开始了自己的建筑师生涯。他最初的工作只是小型的工程委托，如私人住宅阳台或者图书馆屋顶的设计等。随后，他开始频频出现在各大建筑设计大赛中。桥梁、火车站和机场是他最初的设计类型。他对动植物及人体结构的研究使他在自己"结构化"的设计中受益颇丰。

圣地亚哥·卡拉特拉瓦
（Santiago Calatrava）

内景局部

BCE宫

建筑设计：圣地亚哥·卡拉特拉瓦
建筑地点：加拿大，多伦多

多伦多市是安大略湖边上的一颗明珠，也是众多世界艺术大师的一块画板。

加拿大国家电视塔立于这座美丽的城市，被世人公认为现代建筑奇观之一。作为这座城市的第二大标志性建筑，BCE宫位于多伦多市中心，是一条都市商业街。

这里有粉红色花岗石制成的基底，茶绿色粉刷的窗户，高低不等的空间边缘，还有圆形的两座高塔。在空间布局上，卡拉特拉瓦的初衷是想利用直顶而开阔的内部空间以体现摩天大楼的高挺。这里所有的设计使建筑空间就像一座镂空的宏伟教堂。支撑、悬架呈弧形的表现方式给这条商业街带来的是古典与时尚的结合，极具民族风情和现代气息。

内景局部

内景局部

第五章 高技派

局部平面图　　　　　　　　　　　结构示意图

剖面图

平面图

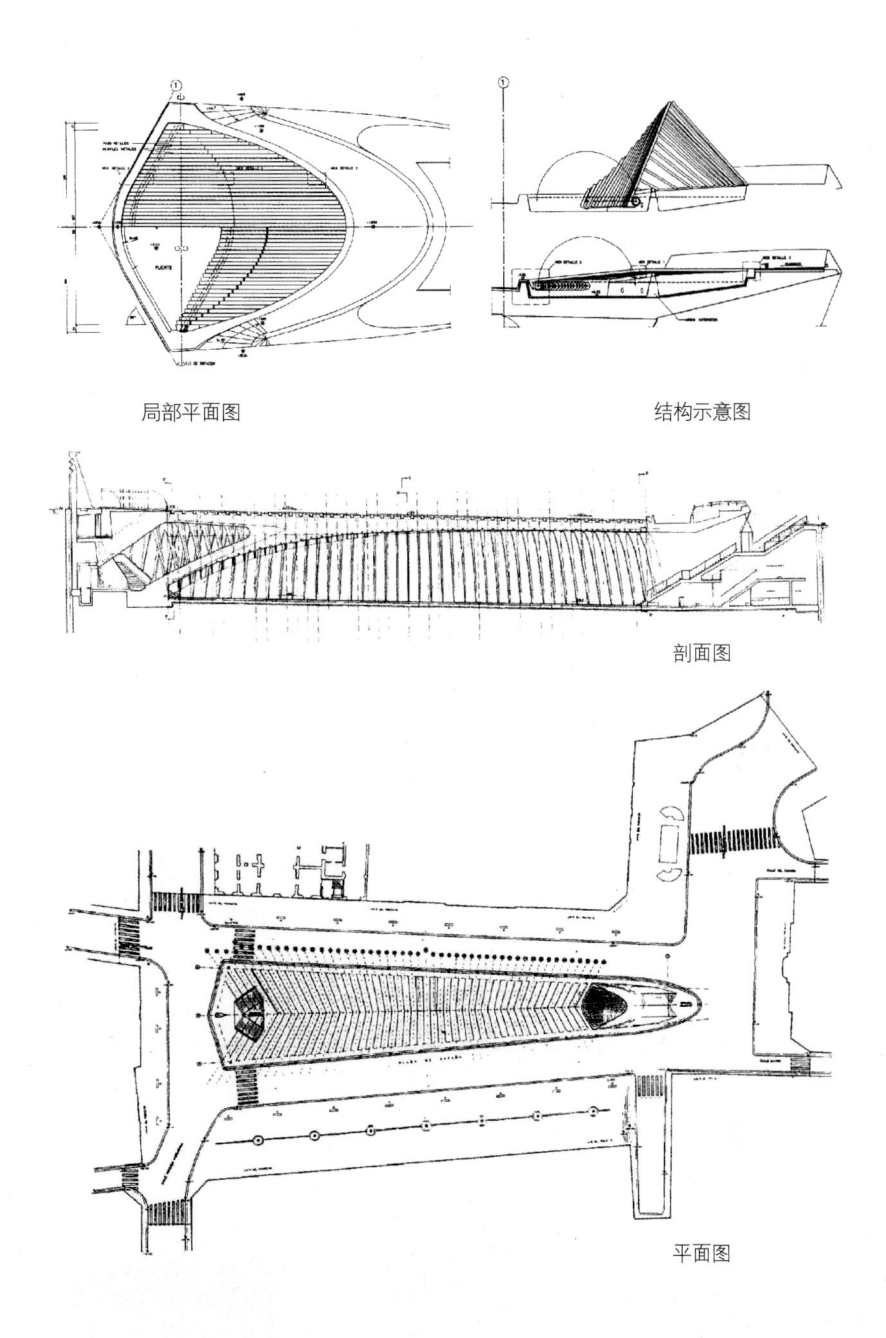

　　同时，卡拉特拉瓦对休闲空间与工作空间的刻意调和，人们得以享受到办公室、会议室、培训室、银行、餐馆、酒店等一站式服务设计带来的便利。

建筑系列——后现代巨匠建筑

巴仁玛特社区中心音乐会大厅

建筑设计：圣地亚哥·卡拉特拉瓦
建筑地点：瑞士，苏哈

　　简单朴实的屋顶，众多几何曲线的组合，色调柔和而单一，这样的风格不属于欧洲。卡拉特拉瓦走出了历史，拜大自然为师，在鸟虫林木中获得了美学的真谛。

　　瑞士议会将一座能举办音乐会和社区性文化活动大厅的设计拜托给了卡拉特拉瓦，希望能得到一个大尺度的空间。卡拉特拉瓦的内部空间顶层依然是整体横跨式的，但他却将天窗融入隆起的屋脊之中而使之成为一个整体，在视觉上呈现出了一个结构复杂、线条丰富、如同一片片棕榈叶式的设计效果。形象之下起支撑作用的是拼接在一起的一组三角连接拱形结构，每一个拱形部分均由箱式钢梁构成，而箱式钢梁又是由截面弯曲的钢板焊接制成。整个空间宽大，视野开阔，若干几何曲面的巧妙安排又减弱了声响的回音效果。门厅的设计更是源于钻石的多面棱角，并带有折纸艺术的精巧。而对"社区性"的思考，卡拉特拉瓦是以宗教活动场所的形式体现的。

内景局部

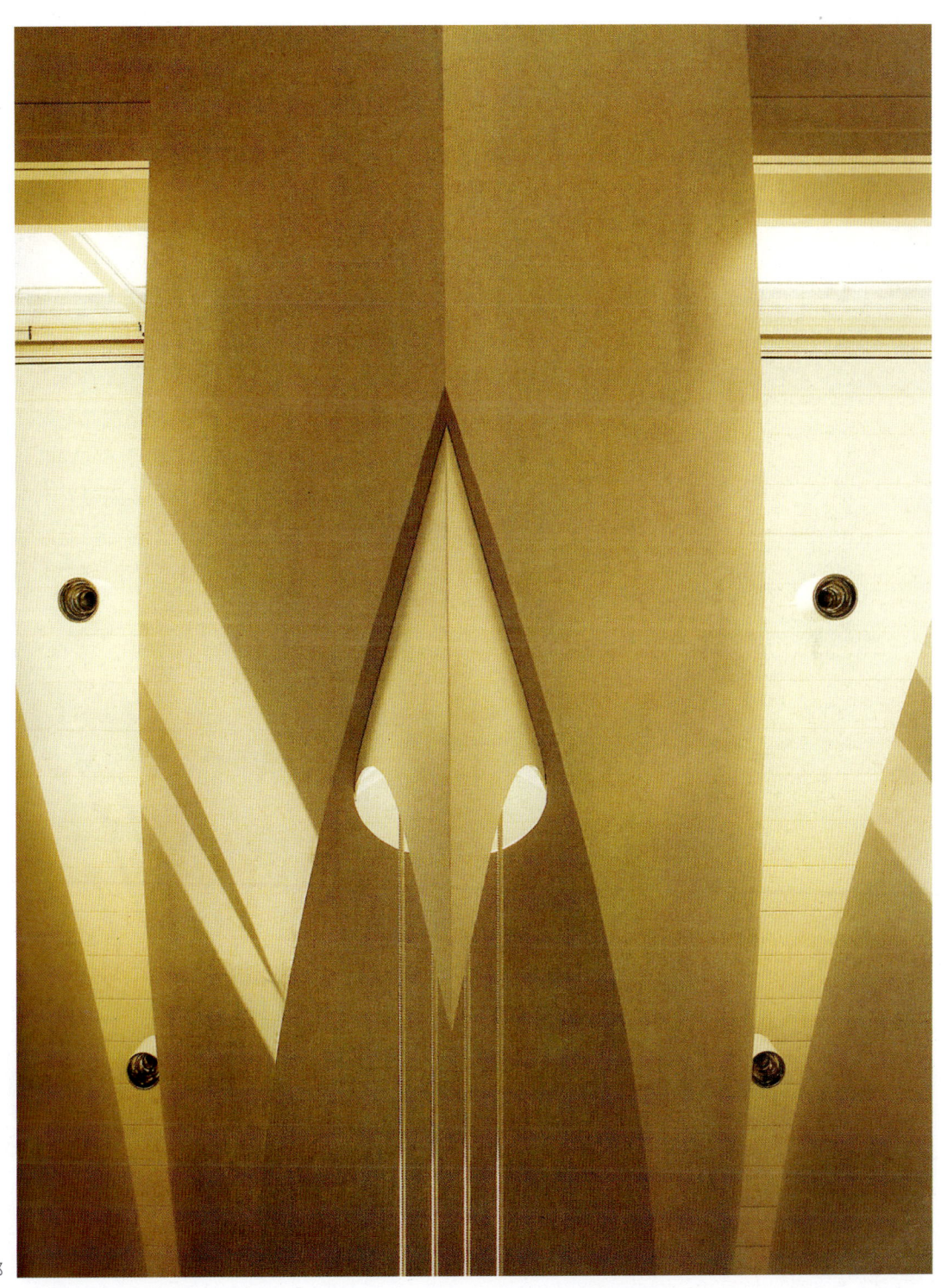

第五章 高技派

内景局部

建筑系列——后现代巨匠建筑

沃兰汀步行桥

建筑设计：圣地亚哥 · 卡拉特拉瓦
建筑地点：西班牙，毕尔巴鄂市

  沃兰汀步行桥以充满想象的曲体运动反衬了河水的沉默，用多曲面的结构组合打破老城的呆板，让现代与历史巧妙相融。

  卡拉特拉瓦的代名词即是世界桥梁结构设计的圣徒，他的性格就如同这座沃兰汀步行桥一样张狂而霸气十足，以独特的风格在建筑的浪潮中占有一席之地。

  大桥的主体结构是一个大拱，由一根长14.6米、直径0.76米的钢管弯曲而成，以吊挂4.75米宽的弯曲的桥面。整个画面就像一只破茧而出的蝴蝶振动着翅膀。桥面由钢化玻璃搭成，41片工字钢以形状相似的横截面串成镀锌钢支架布置在桥面的外缘，左右设有不锈钢护栏。新式轻盈的建筑材料的的使用，加上对造型不加限制的想象，设计显出了人类创造历程中对自然环境的征服。

外景局部

第五章 高技派

远景

沃勒恩高中

建筑设计：圣地亚哥·卡拉特拉瓦
建筑地点：瑞士，沃勒恩

　　卡拉特拉瓦以大师的身份加入到沃勒恩高中扩建工程的设计工作中，并为整个项目提供了四处空间设计方案，即入口、门厅、图书馆、集会厅。这四处空间设计风格各异，每个空间独立定义，使不同的功能空间在氛围上相互较量。四种空间采用四种不同的构造体系，运用了不同的建筑主材，通过对美学空间的构造与使用不同材料的并行思考，充分发挥了各自主材的空间适应性，打造出了一组迥异的视觉观赏层。

内景局部

第五章 高技派

内景细部

建筑系列——后现代巨匠建筑

内景细部

内景细部

建筑系列——后现代巨匠建筑

瓦伦西亚艺术与科学城

建筑设计：圣地亚哥·卡拉特拉瓦
建筑地点：西班牙，瓦伦西亚

　　白色永远是卡拉特拉瓦的本色。瓦伦西亚艺术与科学城中，建筑群拔地而起，其舒展的外形与重复的结构。建筑中很容易就能发现昆虫透明羽翅的影子，这来源于建筑师的一种小物件大尺度化的想象突破。

　　瓦伦西亚艺术与科学城建筑在一片荒芜的土地上，又分为天文馆、科学馆（菲利佩王子艺术科学馆）、歌剧院（索菲娅王后大剧院）几个单体建筑，并用光与水奇妙地将它们分开。

　　天文馆呈球形，与上面的透明的拱罩组合在一起就成了一个具象的眼球。对知识的获取是眼睛最大的渴望，因此天文馆的外观隐喻了瓦伦西亚对新文艺复兴的渴望与热情。天文馆作为"瞳孔"，24小时放影着电影或其他各种科技视频。"眼睑"是一个巨大的玻璃窗体，随着一天中阳光的强度不同，"眼睑"会通过油压支架自动调节开合程度以控制室内温度。"瞳孔"上面的大拱长110米、宽55.5米，是一薄壳结构。在天文馆前水景的帮助下，"眼睛"的一开一闭就更显逼真了。

外景

第五章 高技派

外景细部

　　科学馆的外形直接就是其内部架构的外露，是一只庞大动物的骨骼。科学馆在形式上仍然是半封闭半采光，而在结构上与天文馆、歌剧院绝不相同。从这里，我们可以看出，以"建筑脊梁"来表达自己的建筑思想已经成为了卡拉特拉瓦的习惯。

建筑系列——后现代巨匠建筑

黑川纪章，1934年生于日本爱知县，1957年从京都大学毕业后，又在东京大学获得建筑学硕士和博士学位。1962年28岁的他创办了黑川纪章建筑事务所与都市设计事务所。他是国际知名的建筑师和城市规划师，也是美国建筑师学会和英国皇家建筑师协会的荣誉会员，重要作品包括：名古屋美术馆、琦玉县立现代美术馆、广岛现代美术馆、九州高尔夫俱乐部、大阪市政府办公楼、墨尔本中心、巴黎德方斯太平洋大厦、马来西亚吉隆坡国际机场航站楼和布里斯班中央广场等。

黑川纪章的作品中有许多都是公共建筑，并且因为其特有的建筑哲学大都获得了大奖。他强调人在空间中的流动性，在动态中呈现空间的变化，而在空间的构成上他更是热衷于对现代新技术材料的运用。

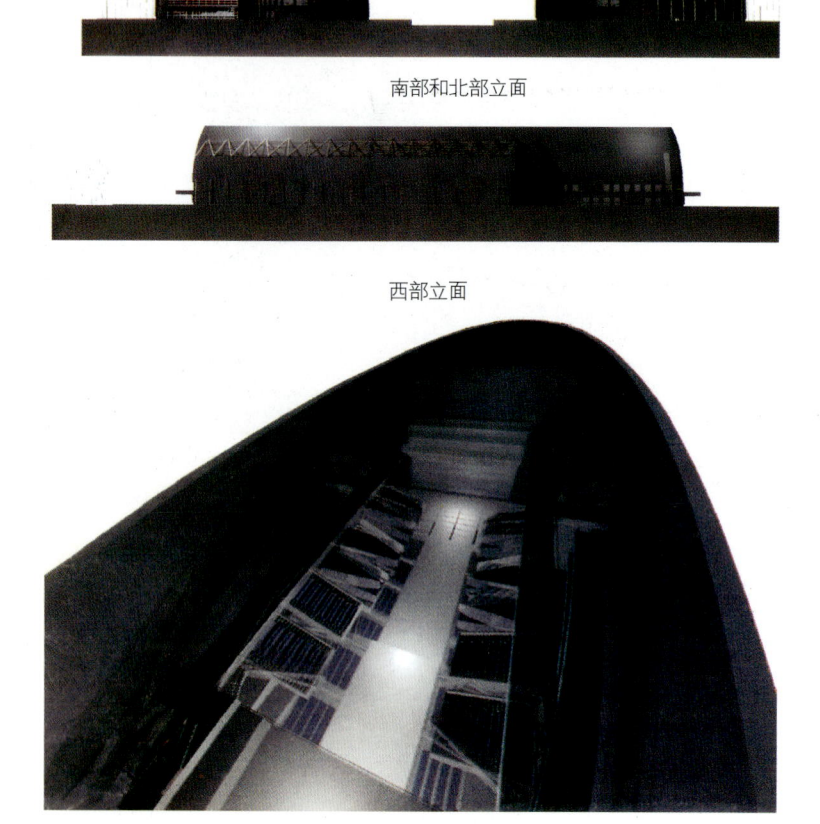

黑川纪章（Kisho Kurokawa）

南部和北部立面

西部立面

音乐厅内景：移动式舞台及座位区域

日本奈良大会堂

建筑设计：黑川纪章
建筑地点：日本，奈良

考虑到大跨度穹顶的施工难度，日本的川口卫教授发明出了攀达穹顶（Pantadome）结构。黑川纪章将其运用到了日本奈良大会堂，并成为其一大特色。

在会堂的建造中，他利用一组环向杆件，让穹顶在近地面拼贴，并将其上的灯光、音响、通风管道等设施的安装一并完成。同时他还把整个结构做成可折叠式的，穹顶完工后通过折叠被升到预定高度，最后再将环向杆件拆除。这样做的好处是将建筑的环向作用力和径向作用力分开，使其在结构上仅具有竖直方向的一维自由度，保证了大空间穹顶在建造和使用中面对强风和地震时不受影响。

不可小视的是黑川纪章对攀达穹顶的运用更加巧妙和细致。在这里攀达穹顶首次被用于建筑群的设计，克服了铰链组共同工作时出现的矛盾，形成了他之后的现代建筑通常采用的集散煤穹顶。黑川纪章的开创性穹顶设计为整个日本建筑界树立起了一座丰碑。

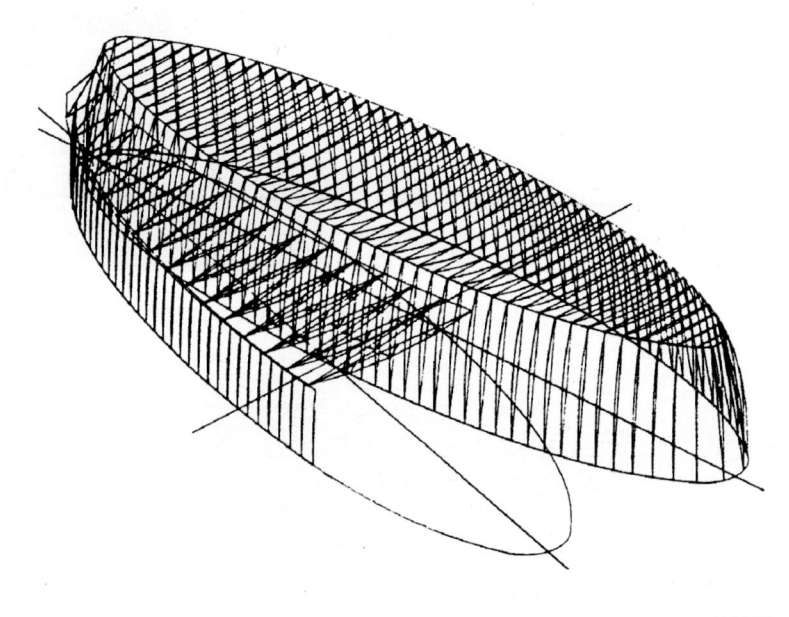

结构图

门厅

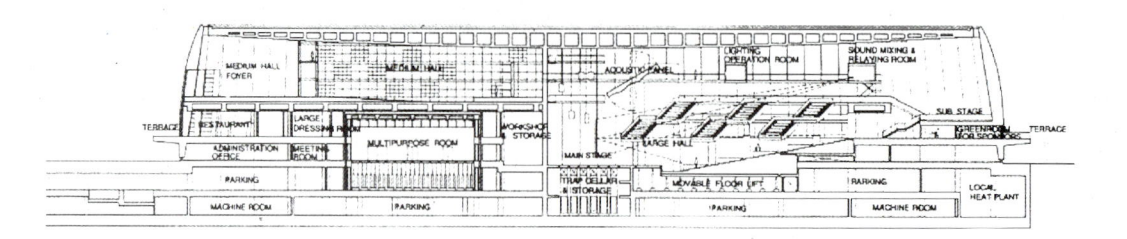

纵剖面

第五章 高技派

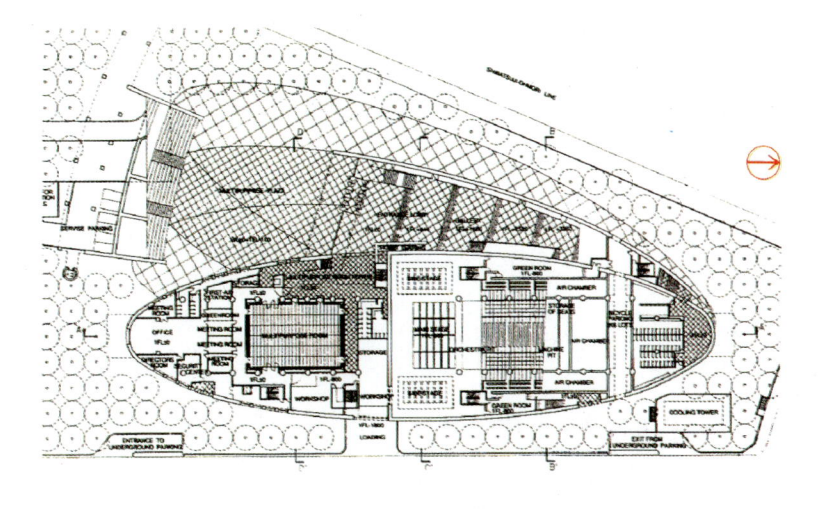

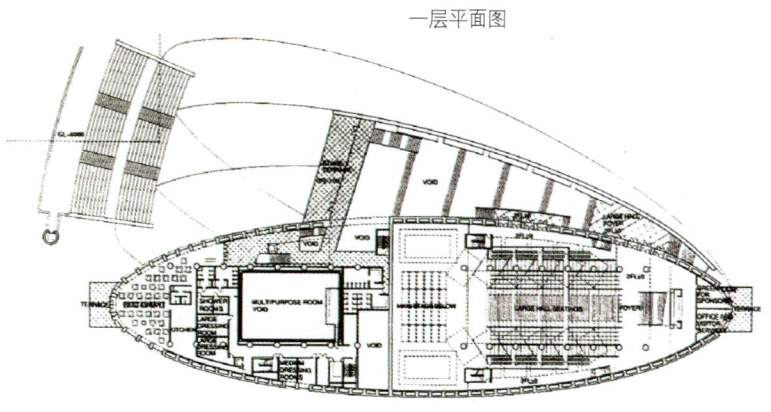

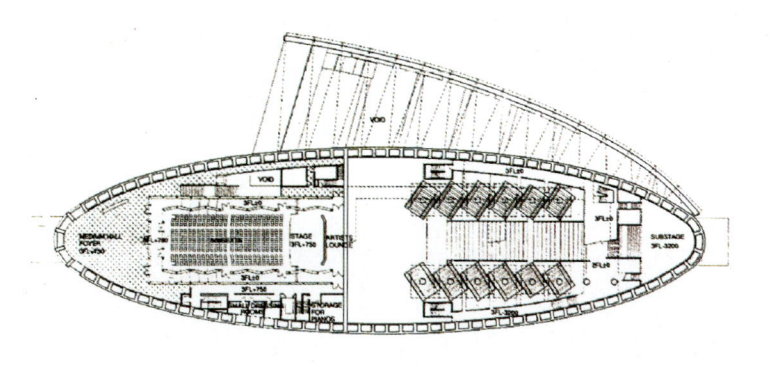

一层平面图

二层平面图

四层平面图

139

第六章　解构主义

简单的形体总是被作为对称于整体的范域来思考，如同乐高玩具和拼板地图一样，成形之后要么是一个常在体，要么是一个矩形。我们关心概念的形成，而概念只涉及简单而单纯的范畴，这是千百年来西方理性自生成起就一直追求的至高真理。但单位"1"也不是不能被分解，矩形、圆形也能由若干不规则的部件构成，尽管它们是如此的和谐。概念在这里等同于成形后的拼版地图，而如果需要，其中的"块砖"可以进一步获得解构。和谐永恒的事物自然美丽，但到最后它也只呈现出一种思维静态，在这样的世界里没有激情，没有表达，个性被群体所替换。

宇宙从无而生，演化至今世界由此变得丰富多彩。万事万物都在从源处逃离，宇宙变得紊乱。时间的长轴无限延伸，其上的每一点都可当做原点。

1967年前后贾克·德里达引出了解构主义这一概念，但其设计风貌的出现却滞后到了上世纪八十年代后期。解构主义从结构主义中逃出，而又对其扰乱和分解，它的奔逃充满了激情。

解构主义旨在与正统原则和正统标准（指现代主义、国际主义的原则和标准）划清界限。即便它光彩夺目，却未能像二十世纪二十年代俄国的结构主义和1919—1933年德国的包豪斯设计学派那样发展成一种运动。解构主义只存在于小群体之中，毕竟它不那么"单纯"，这在很大程度上影响了群体的情感接受能力，说得狠一点，它是在挑战。解构主义反中心、反权威、反二元对抗、反非黑即白的理论，它将原有的秩序打破然后再建立更为合理的秩序。当然什么才叫"合理"，从古到今都是仁者见仁，智者见智。

解构主义作为文化的一部分使得文化本身更加丰富，而文化的丰富本质上就是一种反垄断行为，这是一场革命。在建筑设计中，它的主要追随者有：弗兰克·盖里、伯纳德·屈米、彼得·埃森曼、扎哈·哈迪德等人。其中弗兰克·盖里被公认为世界上第一个解构主义的建筑设计大师。

建筑系列——后现代巨匠建筑

彼得·埃森曼，1932年生于美国纽约，在美国康乃尔大学获得学士学位、在哥伦比亚大学获得硕士学位，又在剑桥大学获得博士学位，当代解构主义建筑大师。他是个另类，在他的学习内容中，除了建筑还包括当代哲学、语言学、符号学、心理学。他的现代主义意识的萌发始于1957年他加入格罗皮乌斯的建筑设计事务所时。他于1967年在纽约成立的"建筑与都市研究所"早已成为新现代主义理论和后现代主义理论的研究中心。

1988年的"解构建筑七人展"使埃森曼又一次成为建筑界关注的焦点。他的作品渗透着浓厚的学术气息，且对其自由的客体的操作运用自如，如各种历史事件、独特的地域环境以及如转换语言学、概念论、结构主义、反人类学的思想学说，并以此来削弱已发展成熟的关于秩序和场所的学说。同时在他的作品中不时也闪现出某些未来主义元素，令其设计的艺术价值远远超过当代。

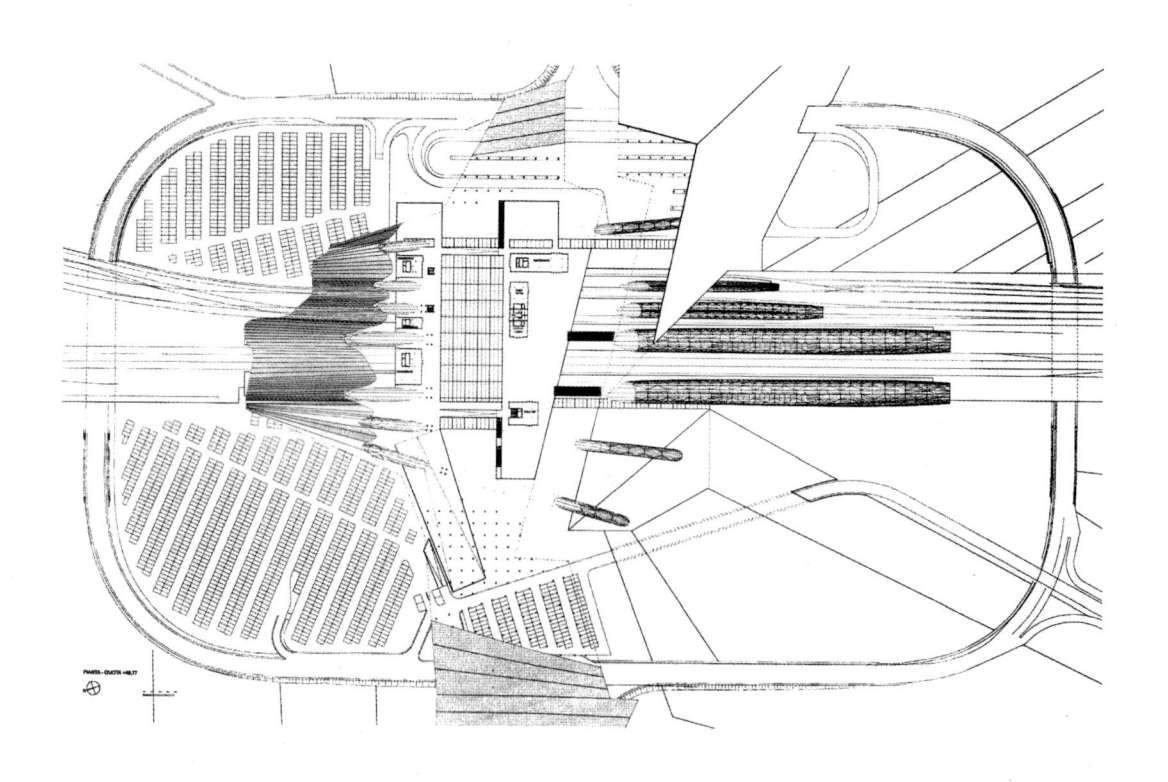

彼得·埃森曼（Peter Eisenman）

总平面图

第六章 解构主义

那波里高速铁路TAV车站

建筑设计：彼得·埃森曼
建筑地点：意大利，那波里

别误会，这不是卢卡斯的摄影棚，这不过是彼得·埃森曼运用速度的语言设计的一个普通火车站而已。

速度感作为艺术创作的一个重要元素，往往需要流线、超现代、深邃、空间。这处埃森曼的设计利用大几何流线展开巨大的空间，外观银色反光，其中站台的顶棚以粗线条平滑地延伸出去，在奇妙幻彩的视觉效果中灯光发挥了重要的作用。

车站从平原隆起，与周围的自然、人文风景产生了一种突兀、惊奇的组合。传统功能结构、空间布局丰富而全面，另外，巨大的空间拓展给人一种太空城市的体验。

如同岩浆缓缓地流动，大师从维苏威火山掠取的力量在这里得到了喷发。

内景效果图

建筑系列——后现代巨匠建筑

外观模型

第六章 解构主义

莱比锡2012年奥林匹克中心

建筑设计：彼得·埃森曼
建筑地点：德国，莱比锡

　　失败者为成功者做了宣传，落败的莱比锡2012年奥林匹克中心也为彼得·埃森曼做了广告。
　　在整个奥运村的规划中埃森曼拿埃尔布克运河大做文章。埃尔布克运河将莱比锡一分为二，大师也让其将奥运空间的建筑基地一分为二，并配合周围的景致，让各个国家的运动员感受到的奥运村就是整个莱比锡的缩影。
　　埃森曼以统一的风格将一组桥设在运河之上，让运河与之一道形成一个网状结构，相并的大桥也为来客对奥运村水陆景致的欣赏

计算机合成效果图

建筑系列——后现代巨匠建筑

总平面图

第六章 解构主义

提供了更大的平台。同时更多的车辆穿行其上，也为运河增添了不少动感。另外，一套水资源生态环境系统将出现在运河中央。

整个奥运场馆的主体部分便是奥林匹克中心，也就是田径场馆，而这是一个可以灵活拼贴的大尺度空间。场馆可容纳8.4万名观众，当运动会结束之后，通过对16个可容纳4000名观众的临时看台实施拆移，座位将减少到2万个。每个临时看台都设有相似的十分独特的顶棚，并也是可拆装的。若申办成功，看台将在哈勒、汉堡等地生产，等到2012年时再运往莱比锡组装。奥运会结束，在拆装后，这里将变成一座小型体育馆，以提高运动空间使用效率，避免了运动场地的重复建设。

合成效果图

建筑系列——后现代巨匠建筑

加利西亚文化城

建筑设计：彼得·埃森曼
建筑地点：西班牙，圣地亚哥

　　干裂的地表被复制放大，并将它挪移到一处空旷的山坡之上，我们从太空中看到的也就是这些。人类在回追历史，在反超史前发达文明，而埃森曼的想象又意味着什么？

　　生命的最初状态、社会的本真、发展的足迹，这些都是彼得·埃森曼的想象对史前人类（也许是人类）生活的触及。加利西亚文化城睡卧在西班牙圣地亚哥·德·孔波斯特拉市郊。这是一座精神文明的堡垒，规模宏大，设有歌剧院、图书馆、博物馆和一系列学术交流空间，如同亚历山大图书馆。

　　曼纽尔·弗拉伽，曾担任加利西亚自治区主席，便是由他提出了修建加利西亚文化城。直到晚年，弗拉伽才依靠自己强大的权力使之建成。文化城的修建为本来就是宗教朝圣地的圣地亚哥带来了更具现代精神凝聚力的城市圣誉，另一方面，也书写出曼纽尔·弗拉伽的光彩人生。

总平面图

第六章 解构主义

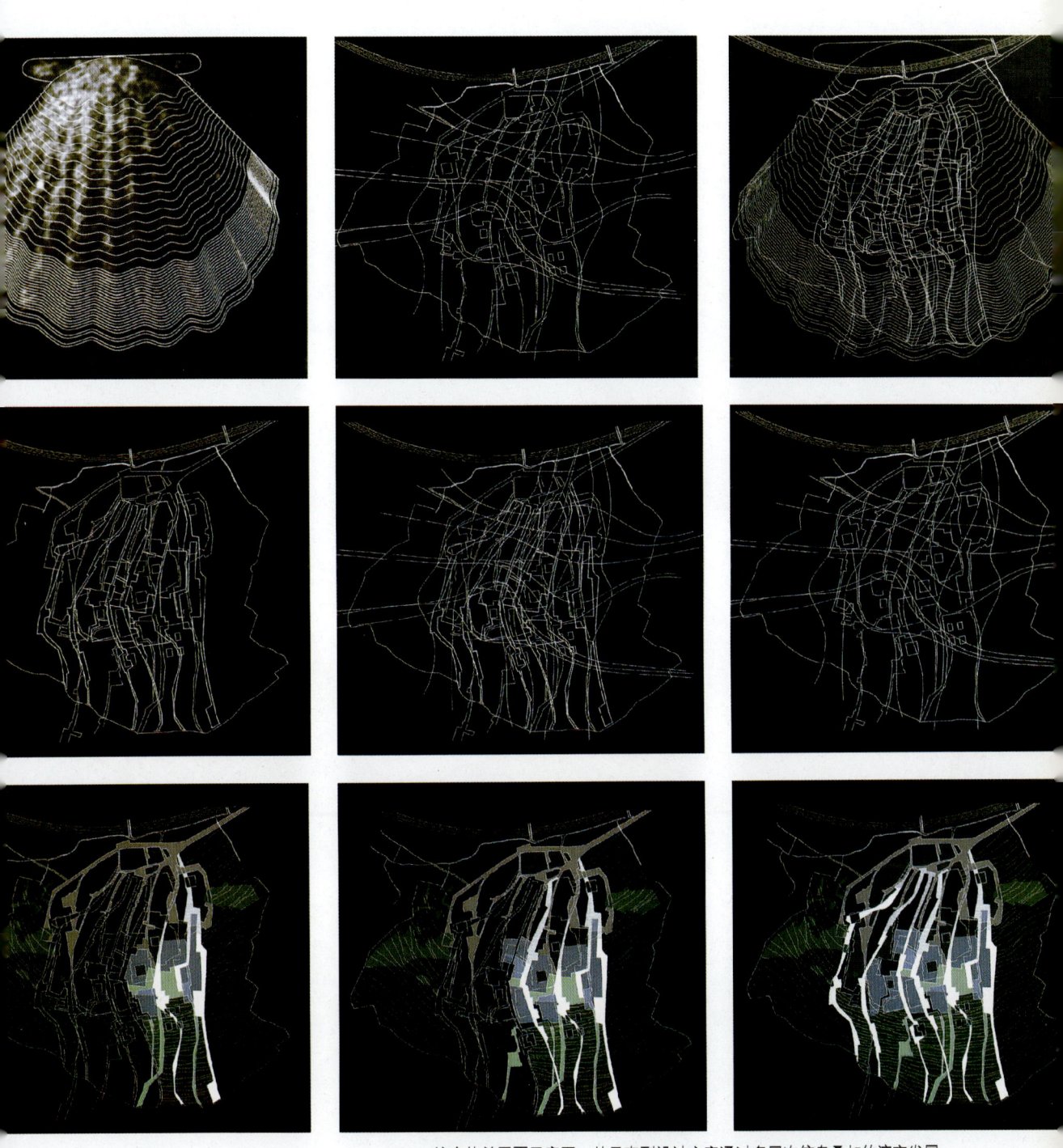

综合体总平面示意图，从贝壳到设计方案通过多层次信息叠加的演变发展

149

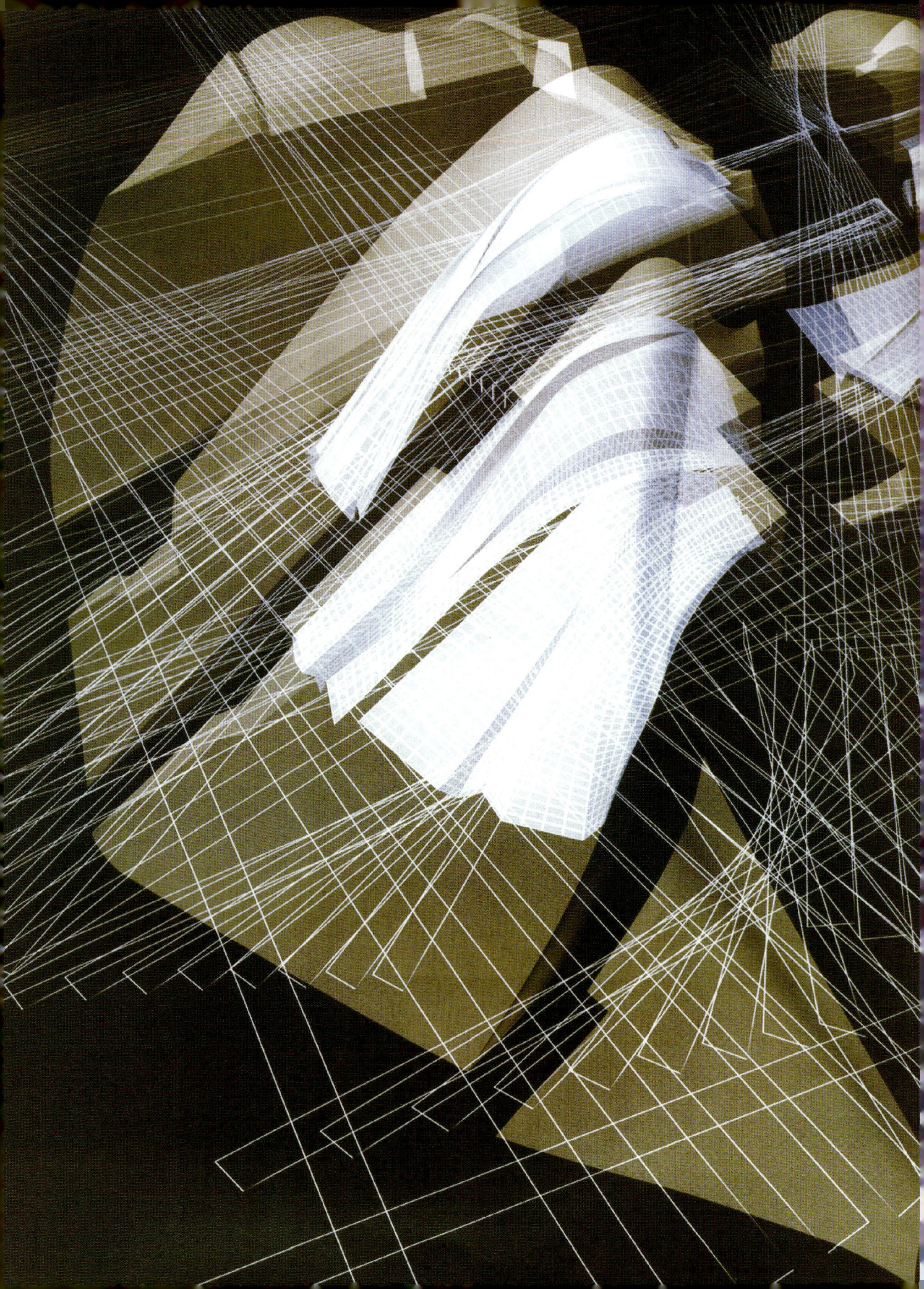

计算机三维效果图

建筑系列——后现代巨匠建筑

伯纳德·屈米，1944年生于瑞士洛桑，拥有法国、瑞士以及美国国籍，世界著名的解构主义设计师，也是建筑评论家。他于1969年从苏黎世联邦工科大学毕业，之后在伦敦AA建筑学院任教直到1980年。其间他于1976年在普林斯顿大学建筑城市研究所工作过一年。从1988年至今，他一直担任纽约哥伦比亚大学建筑规划保护研究院的院长一职。他拥有法国与美国建筑师的执照，在巴黎和纽约都设有事务所，并在美法两地工作与居住。除有新颖独特的建筑设计作品外，屈米的理论著作也有不少。其主要作品有：玻璃影像画廊、拉·维莱特公园、新卫城博物馆、法国国家图书馆、FIU建筑学校、东京国立歌剧院和辛辛那提大学体育中心等。

伯纳德·屈米（Bernard Tschumi）

外观局部

拉·维莱特公园

建筑设计：伯纳德·屈米
建筑地点：法国，巴黎

放到现在，著名的巴黎拉·维莱特公园由废弃的工业区、屠宰场改建而成，已成为城市绿色改造的典范。这里是巴黎最大的公共绿地，因为建筑师大胆、奇特的设计，吸引着大量的外国游人。

矛盾与冲突，公园流溢着的机械的几何体随处可见。伯纳德·屈米将点、线、面这三种几何元素毫不和谐地放在了巴黎的东北角，并被乌尔克运河一分为二，就像一幅1∶1的标注完整的地图。其中三种元素自成体系、相互决裂、相互叠加，颠覆了传统的和谐审美原则。点阵由位于间隔120米的格网交叉点上的火红色的小型屋组成，一共40个，体现出构成主义风格。线阵包括空中走廊、绿荫大道和蜿蜒小径，其中两条高科技走廊相互交叉，一条长约3公里的电影化步道新颖而活泼。面阵则由建筑、绿地、铺地和水体组成。三种元素系统看似彼此分离，但当它们组合在一起时，却又体现出一种秩序、一种理性。

模型

建筑系列——后现代巨匠建筑

外观

第六章 解构主义

模型

　　公园内，运河东端有音乐厅，北端有科学工业城，科学城的前面建有一座巨大的球幕影院。另外这里还设有花园、喷泉、博物馆、演出场地、运动空间和科学教育设施。

155

建筑系列——后现代巨匠建筑

丹尼尔·李伯斯金，1946年生于在纳粹大屠杀中幸免于难的波兰犹太人家庭。他在美国纽约完成中学后进入大学学习音乐，后来转学建筑系。学成之后，他重返德国并在柏林创建了自己的建筑师事务所。在他的无数作品中，有相当一部分主题含有"推动谅解与和平"之意，2001年，首届"广岛艺术奖"为此而颁给了他。

他力推反偶像崇拜，主要作品包括：美国旧金山犹太人博物馆、柏林犹太人博物馆、伦敦城市大学的研究生中心、英国曼彻斯特帝国战争博物馆、瑞士的一家购物中心和以色列特拉维夫展览中心等。

丹尼尔·李伯斯金
（Daniel Libeskind）

细部

第六章 解构主义

办公楼、住宅和公共建筑

建筑设计：丹尼尔·李伯斯金
建筑地点：德国，柏林

  李伯斯金向来爱好公共建筑的设计，包括博物馆、美术馆等。最近几年，李伯斯金将设计重点转到了集合式大型住宅和商业办公楼等。在李伯斯金的内心中，城市是由大多数的视觉规划体组成的，一座建筑征服一座城市的观点对本地人来说是无足轻重的，因为一座城市的居民所关心的大多是自己的生活、自己的自我实现，而存在空间本身也由此充满了功能主义。进而，人们对建筑空间的美学接受力也就更多地由自己身边的建筑群落的设计风格来决定，对城市空间抱有好感也因此更加被动而非主动的了。至此李伯斯金将消除"大众"建筑与"稀有"建筑之间的鸿沟作为自己的重任。大师发掘居住背后的历史、价值观等因素的做法也为城市建设开辟出了更大的空间。

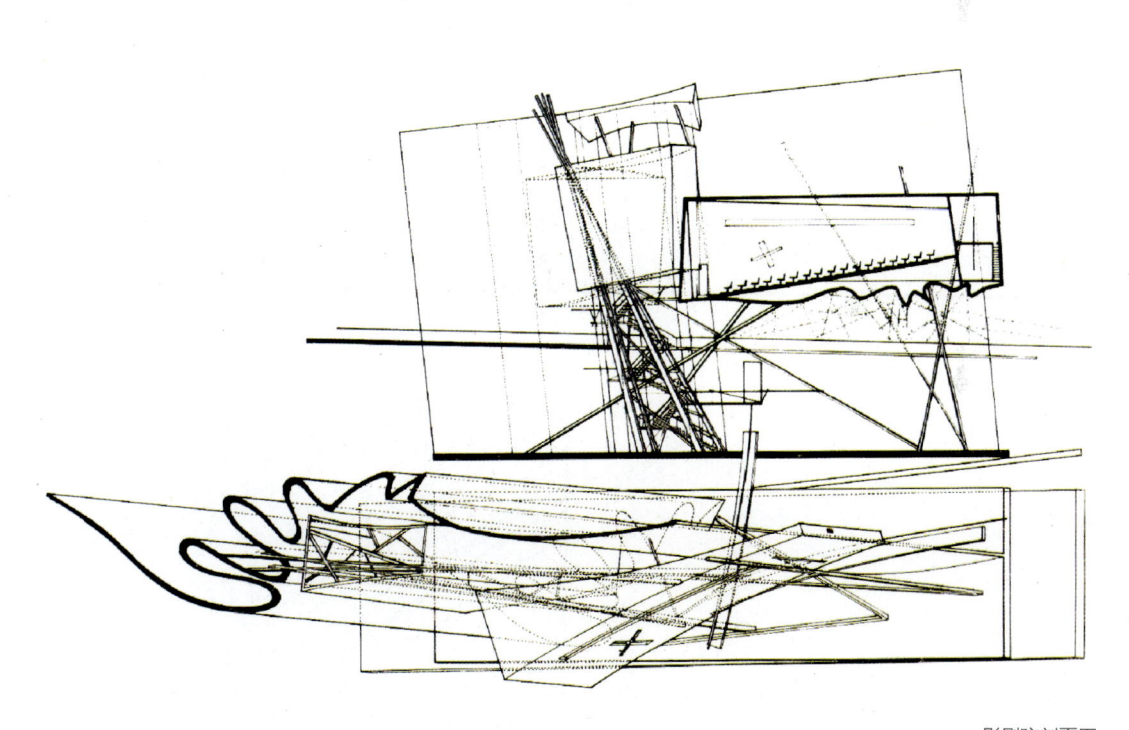

影剧院剖面图

建筑系列——后现代巨匠建筑

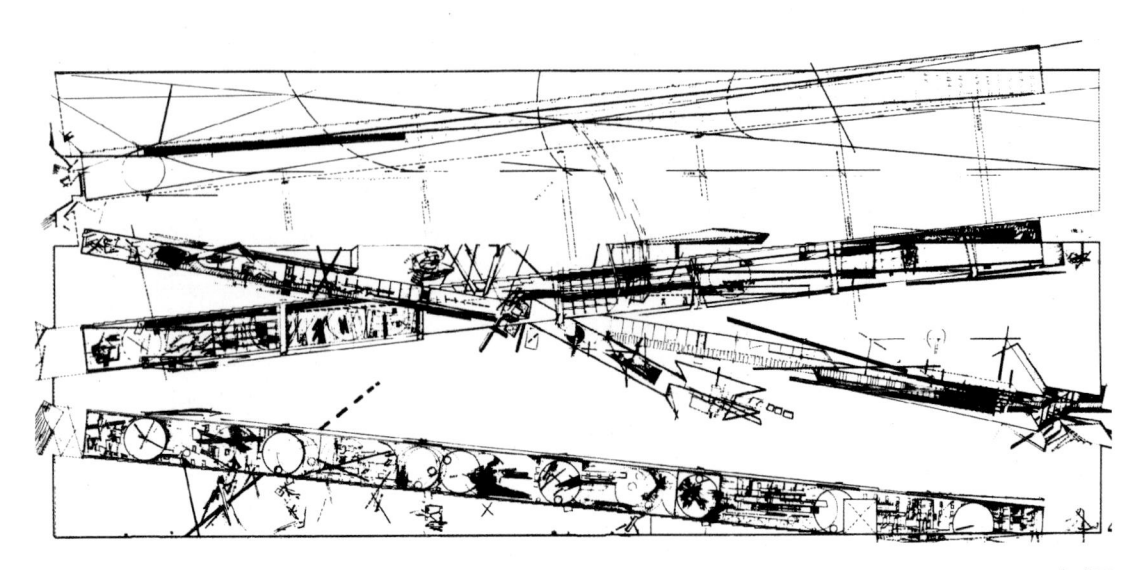

合成图

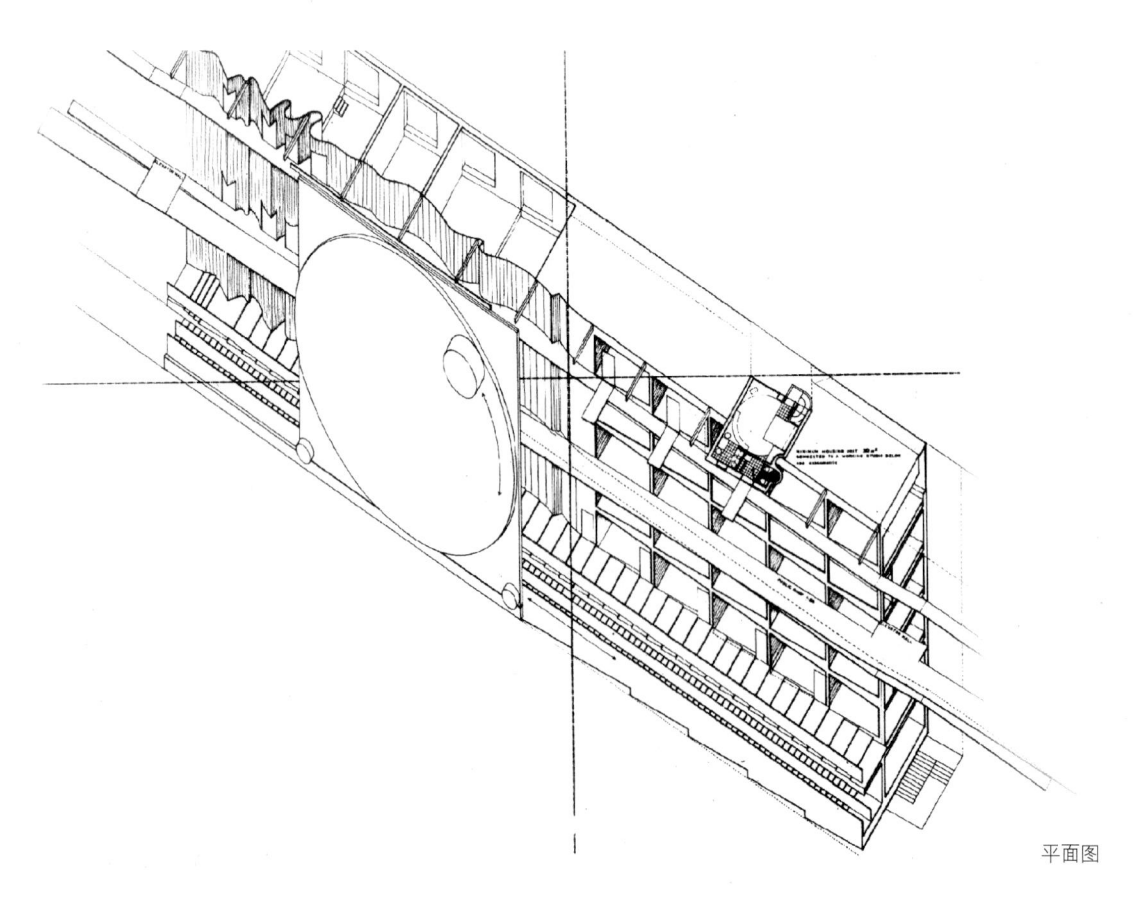

平面图

第六章 解构主义

模型：带有旋转升降机的东立面

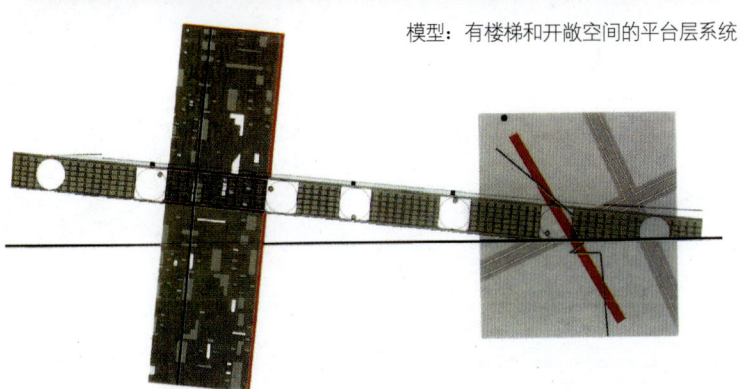

模型：有楼梯和开敞空间的平台层系统

投影：新对角线的开始，从黑暗的缝隙和角落中走出

159

建筑系列——后现代巨匠建筑

计算机形成的图像：用X射线观察

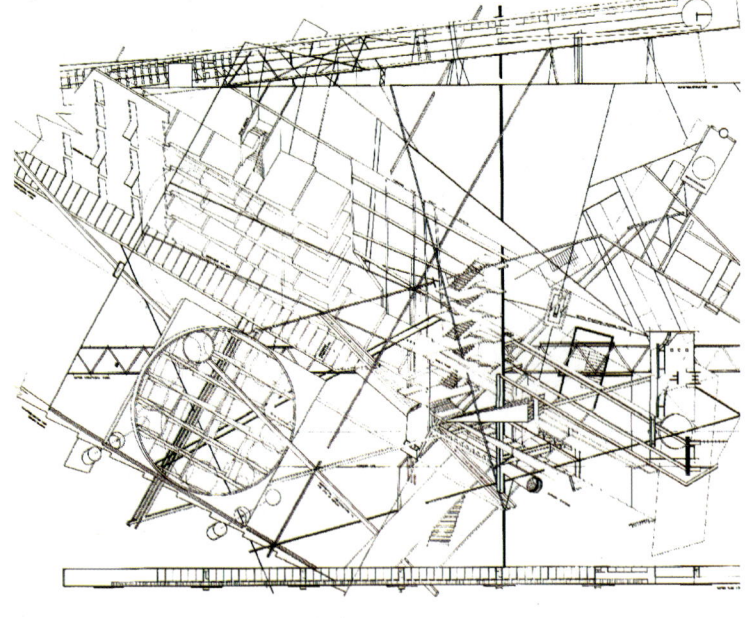

轴测剖面图

第六章 解构主义

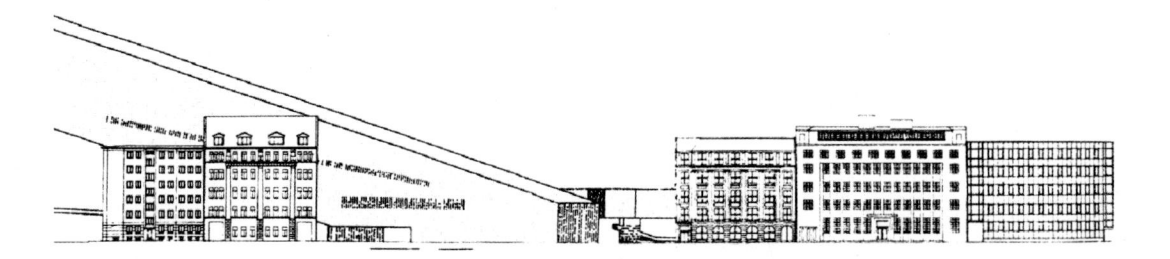

从鲁佐大街观看的剖面图和南立面图

从鲁佐大街观看的剖面图和北立面图

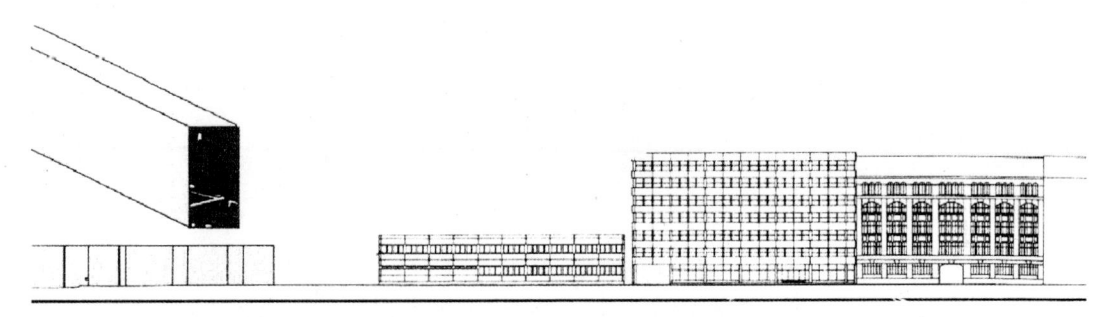

场地平面图

犹太人博物馆

建筑设计：丹尼尔·李伯斯金
建筑地点：德国，柏林

　　丹尼尔·李伯斯金也许从来都没有如此主动地去破坏一幢建筑。他用拆构的手法拉开建筑封闭的躯壳，让无数的伤疤戳穿理性的骄傲，晦暗中生命仅仅在作最后的挣扎。柏林的犹太人博物馆是残酷的。

　　从空中俯瞰，博物馆曲折蜿蜒，每个转角角度各不相同，这一细节被李伯斯金发挥到室内，通道、墙壁、窗户都以各自非常态的角度存在，你看不到平直的常规态。景观在偏移，视线在倾斜，世界在惊恐中变得狭窄，呼吸在细缝中更加急促。

　　由于转角过多，建筑被分成许多独立空间，造成视觉上的断裂，加上色调阴沉和灯光昏暗，此时思想不再连贯，就如同当年犹太人眼里所呈现出的世界一样，分不清是噩梦还是现实。"空气壳"、"水壳"和"土壳"三个主要空间将建筑分隔开来。"空气壳"高95英尺，被置于入口处，当空气穿过金属挂板墙时阵阵啸声

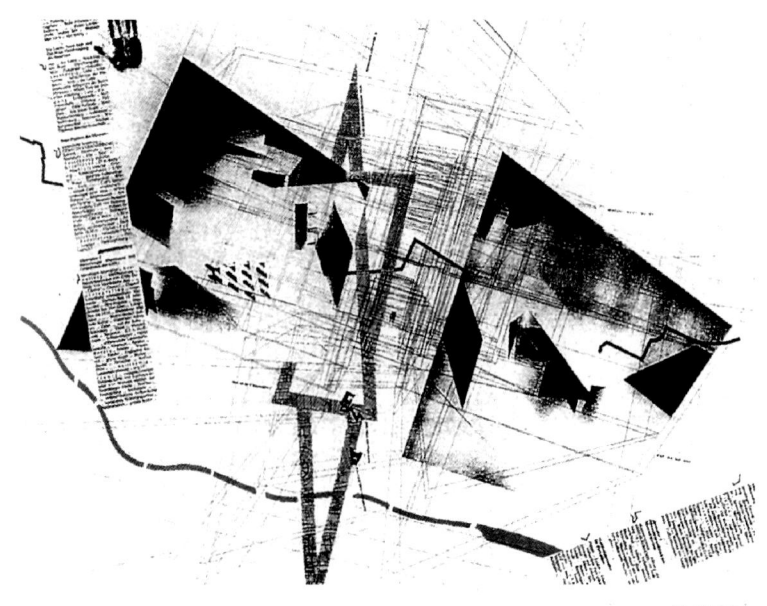

总平面图

外观细部

建筑系列——后现代巨匠建筑

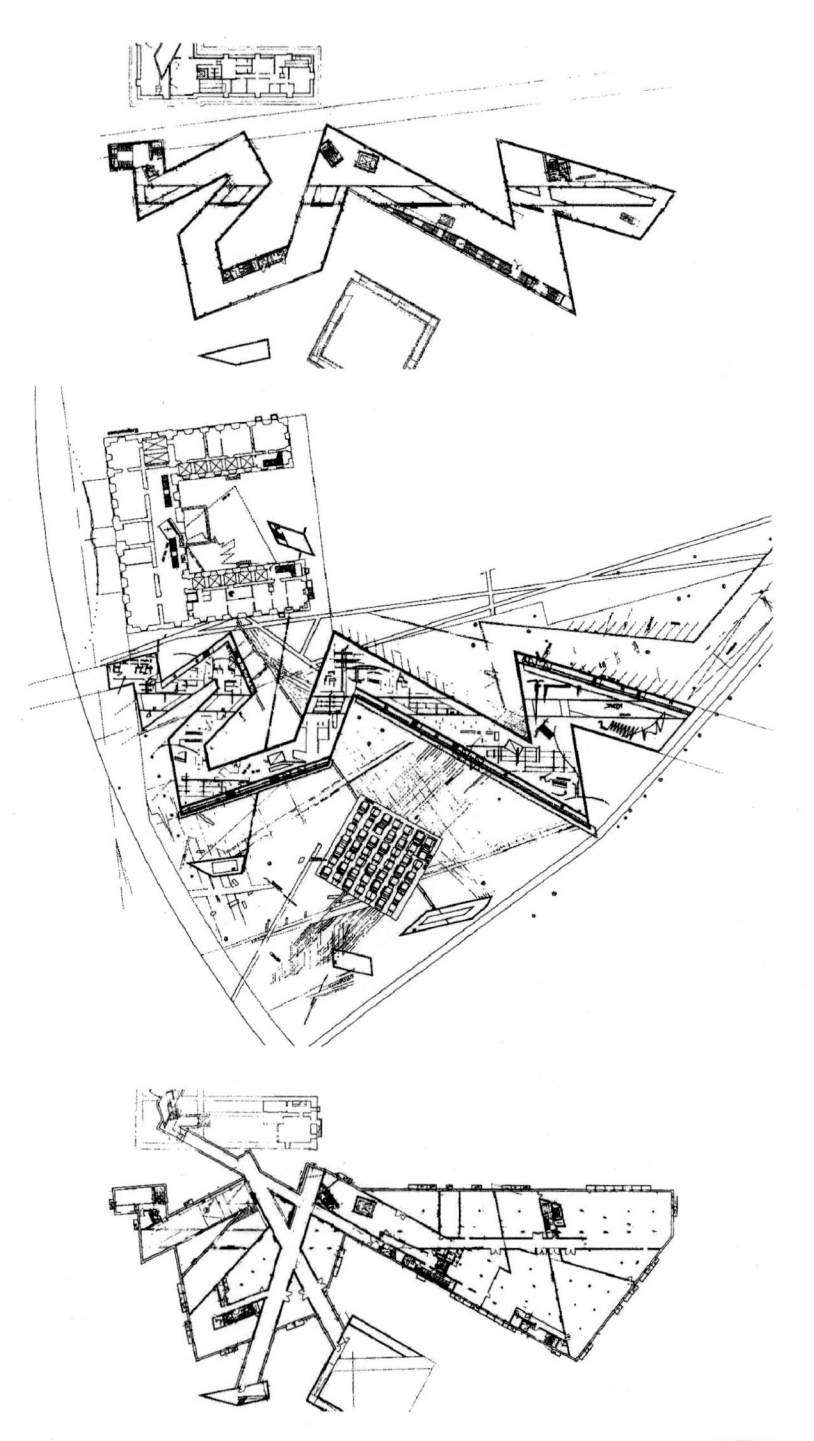

平面图

第六章 解构主义

外景局部

建筑系列——后现代巨匠建筑

外景局部

第六章 解构主义

外立面局部

就会产生。"水壳"罩着餐厅，而"土壳"构成展览区。形状各异的隔板隔开多个空间，展品就陈列在这里。厅内光线暗淡，透过一道道"伤口"射进来的光线交叉分离，意识在天堂与地狱间变得模糊。

深色的混凝土结成外墙，镀锌铁皮以不规则的形态加以补充。馆外设有一组雕塑，由49根参差不等的混凝土柱构成。

无论馆内的展品如何改变，建筑本身是永远不会改变的，时间的流逝只会使它更加沧桑、更加饱满。

建筑系列——后现代巨匠建筑

弗兰克·盖里，1929年生于加拿大多伦多，1951年在南加州大学获得建筑学学士学位，1956—1957年在哈佛大学设计研究所研习都市规划。1974年，他被选为美国建筑师协会（AIA）的学院会员。1989年获得普利兹克建筑奖，同年又被提名为罗马的美国建筑学会理事。1992年，他获得沃尔夫建筑艺术奖，同年成为建筑界最高荣誉奖提名候选人。1994年，他获得了利连·吉恩奖的终生贡献艺术奖。

盖里十分看重建筑个体的造型，作品中许多都是以非常规的体态出现在世人的眼前，尤其是大尺度曲线的使用更令其作品成为城市的标志。他的主要作品有：毕尔巴鄂古根海姆美术馆、安那汉社区溜冰中心、荷兰国际办公大楼、辛辛那提大学分子研究所、路易斯住宅和拖雷多大学视觉艺术中心等。

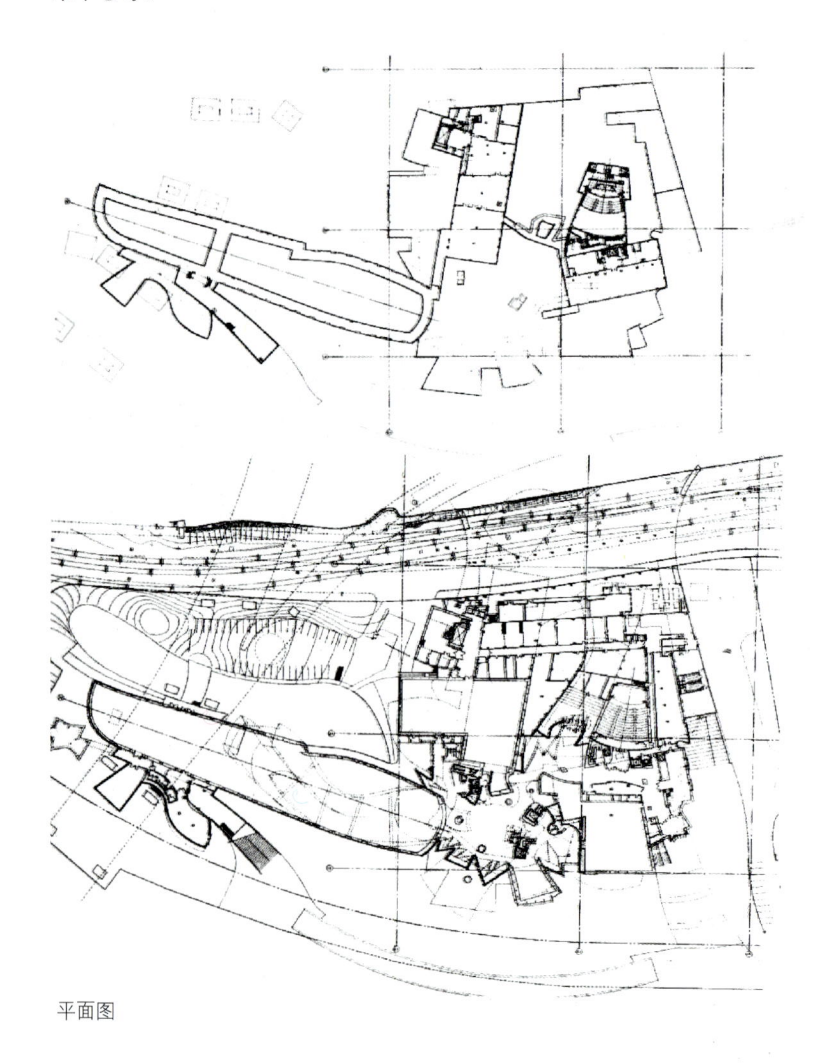

弗兰克·盖里（Frank.Gehry）

平面图

毕尔巴鄂古根海姆美术馆

建筑设计：弗兰克·盖里
建筑地点：西班牙，毕尔巴鄂

一座毕尔巴鄂古根海姆美术馆，一座解构主义的实体。

弗兰克·盖里对空间的分割成为艺术，用灼烈的阳光来焊接，用我们的视线去打磨，古根海姆美术馆的光亮注定会日久弥新。

美术馆位于勒维翁河滨，紧贴着城市立交桥，占地2.4万平方米。人们对它的想象，改变了城市空间的比例，也丰富了流动空间的建筑语言。其巨大的体量与水面一起拓展出一大片静态空间，这是一种与大都市的生活截然不同的节奏，而建筑本身在静态中变得庄重、永恒。

内景局部

建筑系列——后现代巨匠建筑

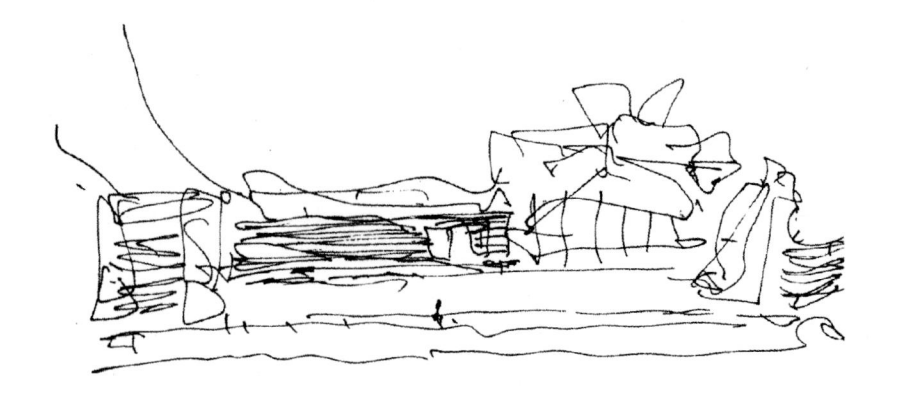

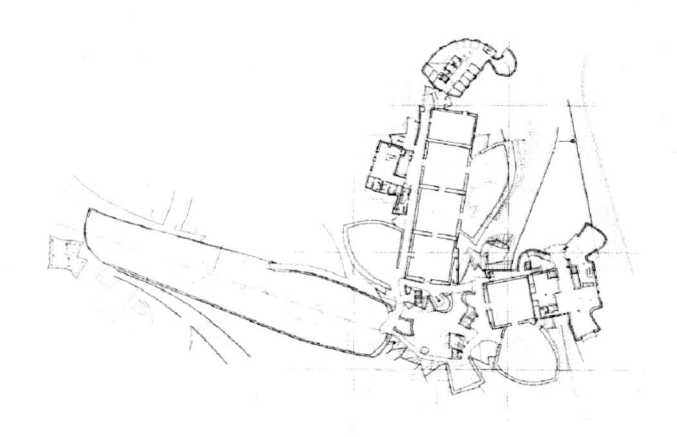

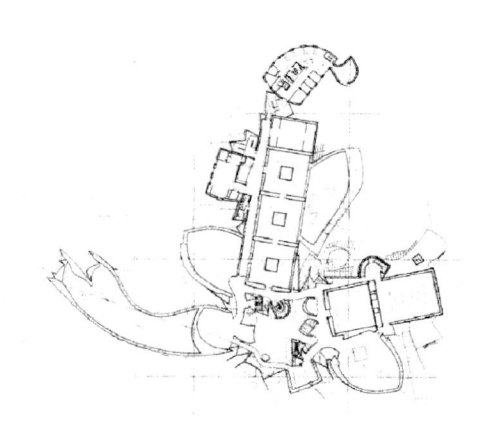

平面图

170

第六章 解构主义

内景局部

　　建筑外表具有多个曲面块体，以钛金属饰面，钛板总面积为2.787万平方米。内部用钢结构支撑。主要展馆和首层基座造型比较规整。而入口大厅和四周的辅助用房，因为建有逐渐向上收拢的高层则十分活跃。

171

顶部内景

第六章 解构主义

巴塞罗那奥林匹克村鱼形建筑

建筑设计：弗兰克·盖里
建筑地点：西班牙，巴塞罗那

　　长54米，高35米，外形似鱼，1992年的巴塞罗那奥运会就多了这样一处盖里建筑。"大鱼"处在宾馆塔楼与海滩之间，从宾馆的窗户望向大海，这一抽象的杰作使宽阔的海面不再死板，蓝色有了金色的光辉，可谓点睛之笔。

　　弗兰克·盖里从几张草图开始了这一怪念头，最后，他将它完善成一只金鳞闪亮、灵气活现的"大鱼"。它足够巨大，以至于只要装上灯，它就成了灯塔。

由彩色钢带交织连接到网状骨架上构成的鱼形建筑

建筑系列——后现代巨匠建筑

第六章 解构主义

鱼形建筑整体外观

建筑系列——后现代巨匠建筑

外观细部

第六章 解构主义

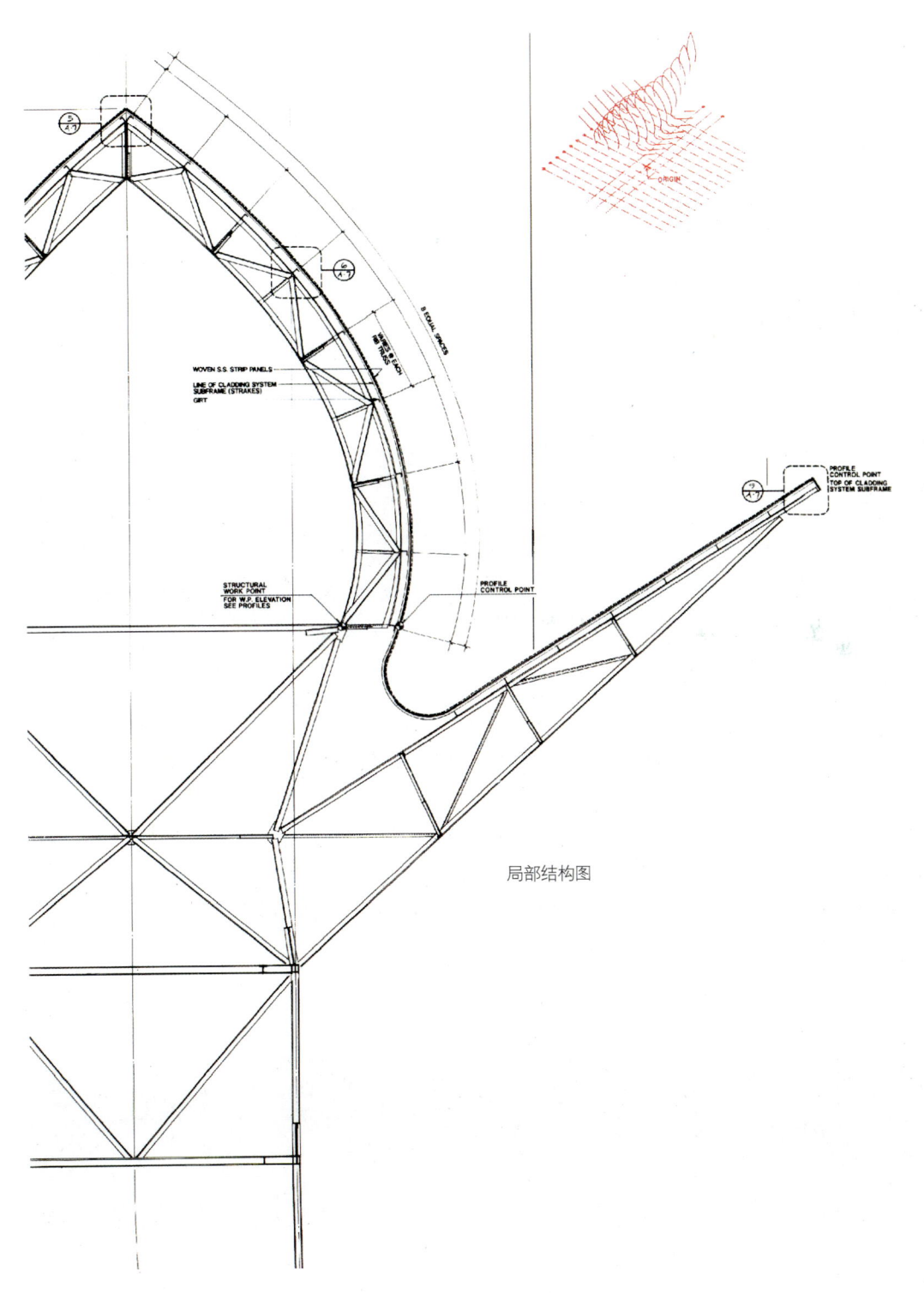

局部结构图

建筑系列——后现代巨匠建筑

扎哈·哈迪德，1950年生于伊拉克巴格达，曾接受过传统法国修女院、瑞士的住宿学校及美国贝鲁大学的西方正规教育。在伦敦建筑协会研究所学习建筑学结束之后，顺利进入首府建筑事务所并成为合伙人，而与库哈斯成为同事。1987年，她终于有了自己的工作室。她曾任教于哈佛大学、伊利诺斯大学和芝加哥建筑学院，同时也是汉堡艺术大学、俄亥俄建筑学院、纽约哥伦比亚大学等院校的客座教授。她多次获奖，并拥有2002年大英帝国司令勋章爵士称号。她的主要作品有：宝马中心大厦、维特拉消防站、伦敦千年穹思维区、辛辛那提当代艺术中心、海牙别墅、卡迪夫·贝歌剧院、斯特拉斯堡停车场和有轨电车终点站、伯吉瑟尔滑雪台、罗马当代艺术中心和沃尔夫斯堡科学中心等。

扎哈·哈迪德（Zaha Hadid）

内景局部

日本札幌餐厅

建筑设计：扎哈·哈迪德
建筑地点：日本，札幌

　　札幌餐厅平面布置极不规整，空间的填充与家具饰品摆放十分混乱，当你一走进餐厅，便会获得令其放纵的强烈的心理暗示。
　　哈迪德将"冰与火"定为餐厅的主题。餐厅分两层，一层为"冰"世界，寒冷的冰窟通过大量的金属与玻璃的运用象征性的移位表达。餐桌的设计颇具匠心。边缘设有楼梯，梯形陡峭，向上延伸，穿过一个洞口便来到二层。这里是烈火的归栖地，橘红色的火焰柱喧腾着奔向屋顶。屋顶开有洞口，隐藏的灯发出妖红的光线好似刺破了屋顶，洞口随之扭曲变形。桌面、椅面、地面等各种反光的表面将光亮发散到各个方向，来到这里就像是进入火山的内部，奇异的景象变幻莫测。
　　人们在"冰"世界享受饮食的快乐，在"火"世界释放滚烫的激情。"冰"世界为餐饮部，"火"世界为休闲部，不论在哪里，空间均充满了太多对立冲突的元素。这是视觉的毒品，感性压住理性，分明的色调、变形的空间，都在表现噬人的动感与力度，与冷灰的外表形成了强烈的对比。
　　现代主义建筑中的中心、有序、主从关系的概念，在这里已被解构主义风格所替代和湮没。

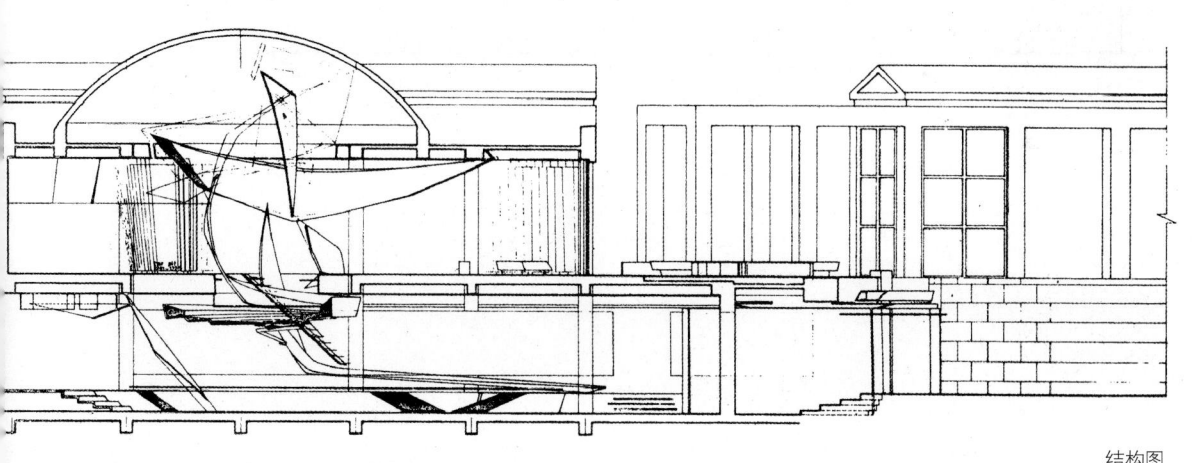

结构图

建筑系列——后现代巨匠建筑

内景局部

第六章 解构主义

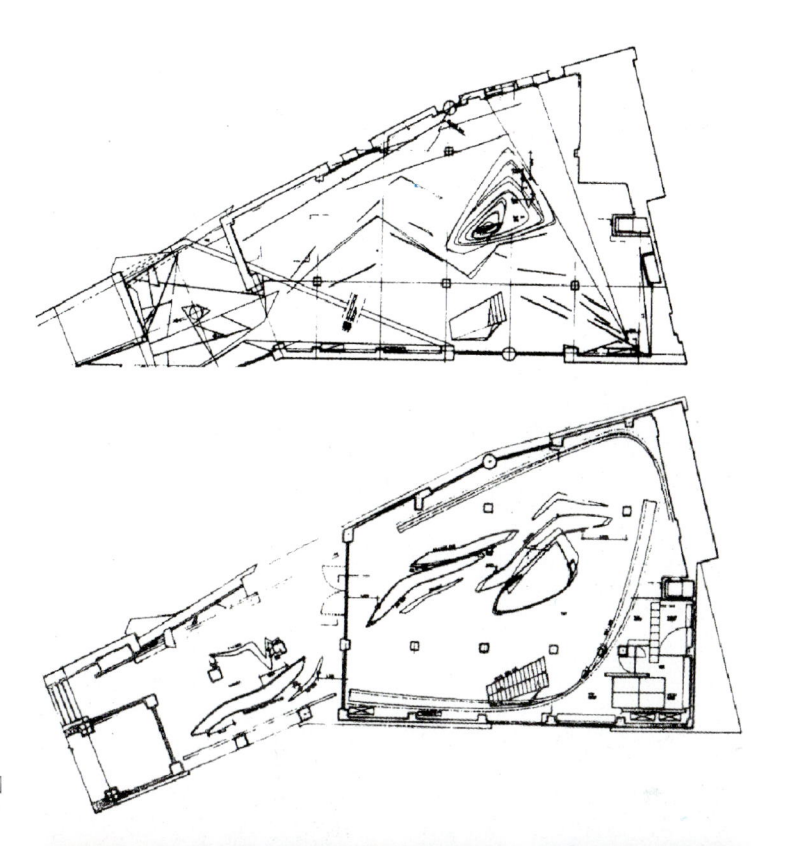

平面图

模型

建筑系列——后现代巨匠建筑

内景局部

第六章 解构主义

内景

建筑系列——后现代巨匠建筑

伦敦2012年奥运会水上中心

建筑设计：扎哈·哈迪德
建筑地点：英国，伦敦

  哈迪德将建筑的动感无限释放，以浪形的不规则体现出对参与奥运的享受，少了严肃，而更多的是轻快活泼。天花板呈大跨度波浪形，犹如"飞翔"的鳐鱼，优雅壮观。水上中心的顶部从低部向高处略微扬起，以造成内部空间的大小之别。屋顶由钢结构框架支撑，墙面全用玻璃，由此而来的效果通透明亮，特别是到了晚上，当厅内灯光大开时，整个建筑就剩下了屋顶还留在原位，支座全无，一种飞的感觉油然而生，哈迪德要的也许就只是这个屋顶的神奇吧。

  馆内设有2万个座位、两座50米的游泳池和一座25米的跳水池。在这里哈迪德给伦敦的奥主委带来了麻烦，项目预算超过规定的两倍多，设计不得不接受一些改动。伦敦奥主委也因这一提倡节约的绿色规划而得到国际奥委会的好评。

远观模型

第六章 解构主义

模型

建筑系列——后现代巨匠建筑

宝马中心大厦

建筑设计：扎哈·哈迪德
建筑地点：德国，莱比锡

　　成立于1916年3月7日的巴伐尼亚飞机制造厂是宝马的前身，始创人叫吉斯坦·奥托，而他的父亲便是大名鼎鼎的四冲程内燃机的发明者。哈迪德的创作灵感就来源于这段历史。

　　哈迪德以发动机的四个汽缸为外形参考将四个20层左右的圆柱形塔楼拼嵌在一起构成了宝马中心大厦，外号"四汽缸大楼"。建筑外观施以银灰色调，既现代又有机械质感；窗框规整突出，如同蓬松的海绵，整个建筑区别于通常城市里的高楼大厦。旁边设有宝马博物馆，一座外形成碗状的建筑。博物馆顶是一个圆形阶状平面，整个顶面被印上蓝白相间的宝马圆形徽志，蓝色象征天空，白色象征螺旋桨。

外观局部

第六章 解构主义

建筑系列——后现代巨匠建筑

外观局部

第六章 解构主义

外观局部

建筑系列——后现代巨匠建筑

外观局部

第六章 解构主义

墙体细部

第七章　新理性主义

在历史中找寻营养，以理性主义为基础，剥离微观理性成分，弘扬宏观抑或局部抽象，并使建筑带有强烈的个人色彩，这就是建筑学中的新理性主义。

当阿尔多·罗西在60年代的意大利怀揣着现象学的原理和方法并结合类型学的相关思考跨进建筑领域时，他的理论和倡导的运动就开始被称为"新理性主义"。他讲求将建筑设计中的原型归真。其中的代表人物除罗西外，还有克里尔兄弟。新理性主义在当今世界建筑思潮的地位可并肩于诞生在美国的后现代主义。

新理性主义又被称为坦丹萨（Tendenza）学派，受上世纪二十年代意大利理性主义的影响，并以罗西1966年的《城市建筑》和格拉西1969年的《建筑的逻辑结构》两本里程碑意义的著作为理论基础，而回到理性主义建筑。其特征是采用简单的几何形体，从历史中找寻素材，作为历史的又一种表达。"理性主义"在誓旨中强调："新的建筑、真正的建筑应当是理性和逻辑的紧密结合……。我们并不刻意创造一种新的风格……。我们不想和传统决裂，传统本身也在演化，并且总是表现出新的东西。"

二十世纪六十年代，理性主义已变得教条和僵化，新理性主义便以批判者的身份登上了历史舞台。同样，它也在历史中学习，在历史中融合进现实意义，但它更激进、更加为时代辩护。

建筑系列——后现代巨匠建筑

阿尔多·罗西，1931年生于意大利米兰，大学毕业后当过教授、做过建筑杂志社的编辑，国际知名的建筑师。

1966年罗西的《城市建筑》出版，提出城市是众多有意义的和被认同的事物的聚合体，并主张将城市与建筑紧密地联系起来。对"类型学"和"类似性"建筑观点的表现是其作品最大的亮点。

二十世纪六十年代罗西开始将现象学的原理和方法用于建筑设计与城市规划中。他提倡类型学，要求建筑师应回到建筑的原型中去思考设计的问题。"新理性主义"也以他的理论和运动命名。精确而简单的几何形体在他的作品中使用较多，1979年他在威尼斯双年展上设计的威尼斯世界剧场是其代表之作。其主要作品有：林奈机场、卡洛·卡塔尼奥大厅、意大利佩鲁贾社区中心大厦、巴西集合住宅、意大利博戈里科市政大厅房顶、意大利热那亚市政歌剧院和广场饭店等。

阿尔多·罗西（Aldo Rossi）

草图

威尼斯世界剧场

建筑设计：阿尔多·罗西
建筑地点：意大利，威尼斯

  在威尼斯，一切都是漂浮的，世界剧场也不例外，人们叫它漂浮剧场。为了让它真正能漂浮于水上，罗西让它在空间上成为一个二维生命体。工人将剧院在别处建好，然后走水路将其拖到威尼斯，这是一幅运输途中的流动画面，迷人、惊奇而前所未有。建筑用色大胆新颖，顶面为灰蓝色，墙面大部分为橙色，并在墙体的上部涂上天蓝色，使得世界剧场在面对古建筑时相当有趣。大师真正做到了入乡随俗，这是一座只属于水城威尼斯的别致小剧场。用罗西自己的话说："一个建筑结束和想象世界开始的地方。"

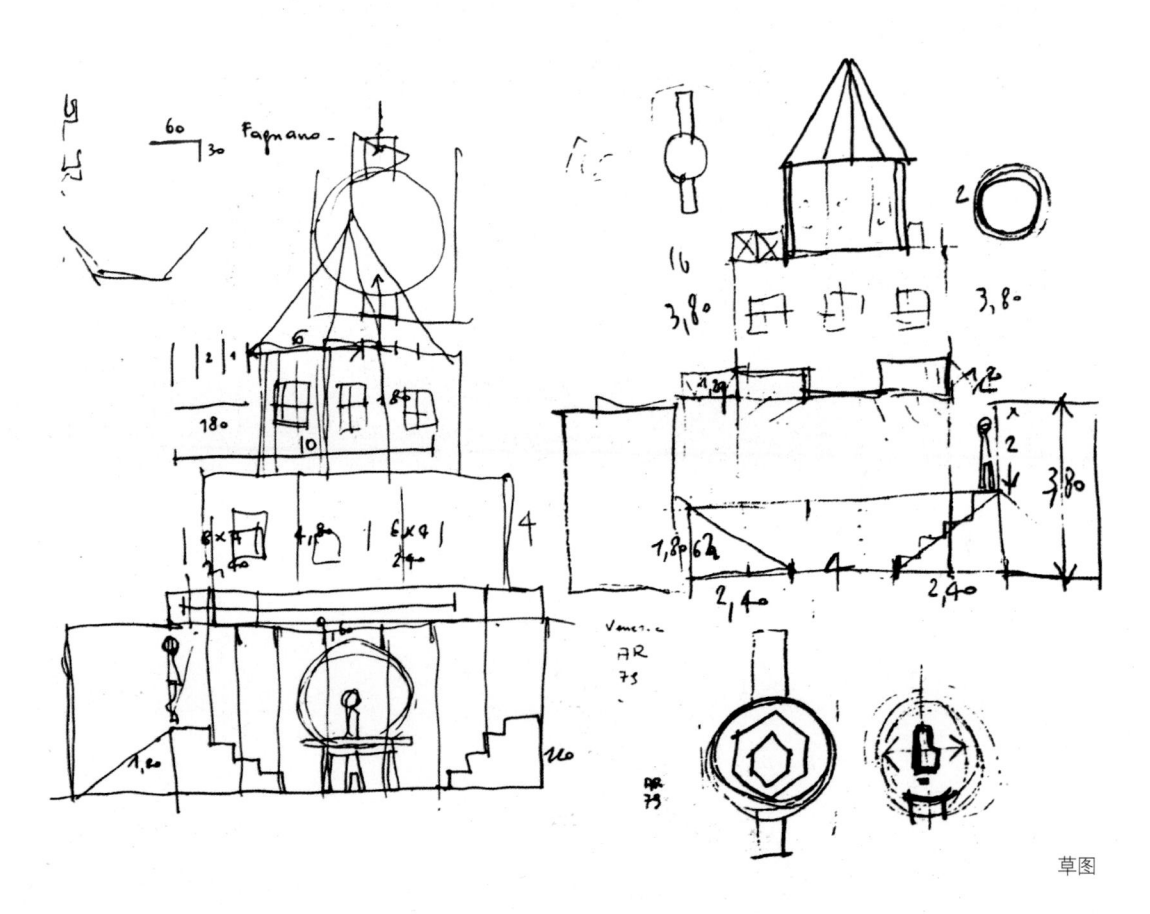

草图

建筑系列——后现代巨匠建筑

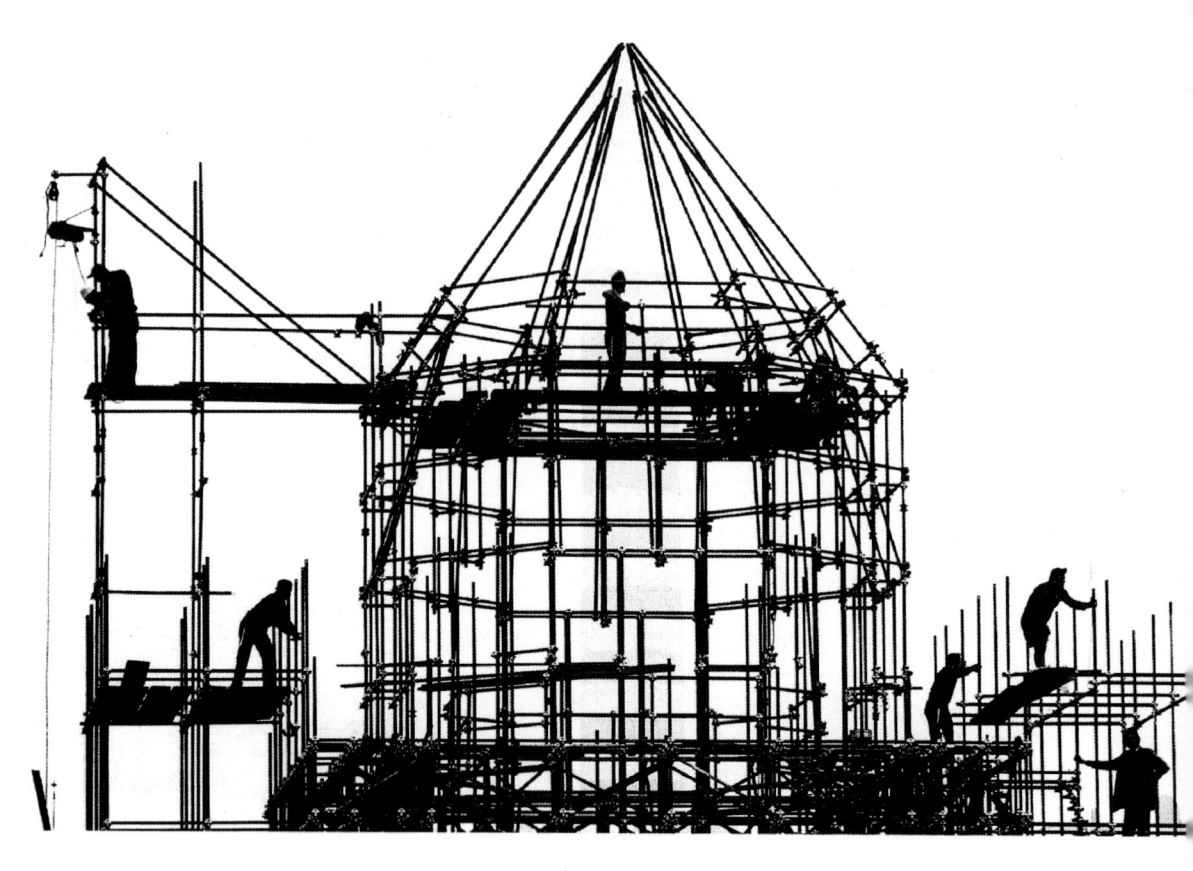

施工场景

新理性主义——阿尔多·罗西

草图

外观局部

第七章 新理性主义

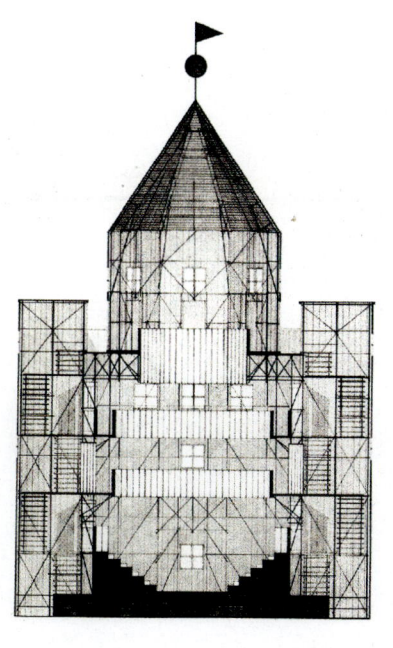

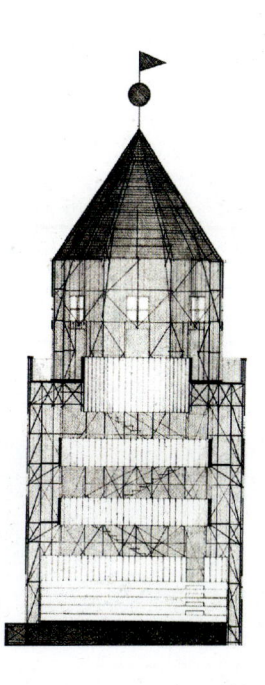

立面图

建筑系列——后现代巨匠建筑

外景远观

第七章 新理性主义

外景局部

建筑系列——后现代巨匠建筑

巴西集合住宅

建筑设计：阿尔多·罗西
建筑地点：巴西

  作为罗西的第一座集合住宅，住宅设计采用了外廊式，并将住宅群分为A、B、D三栋。针对住宅群的拉长设计，将一道变形缝置于建筑的中部，得到较小的两个部分，在细节上变形缝设立了复古双柱。建筑构形有方体、球体、锥体以及圆锥体，窗户与门也都方方正正。墙壁柱为长方体，从墙面外突而出，并随着墙体的延伸而排列开去。窗孔的规划使人想到是不是因为这里风沙太大而故意将其做得狭小稀少。建筑墙线分明，没有任何装饰，所有的考虑均从功能方面出发，群落的美感仅仅来自于不同体块的功能空间的排列组合。

  罗西的要点是住宅朴素的结构可以被复制，这成为他之后所进行的一系列住宅解决方案的前奏，包括个人住宅、公寓和旅馆等。

草图

第七章 新理性主义

主入口

建筑系列——后现代巨匠建筑

卡洛·菲利斯剧院

建筑设计：阿尔多·罗西
建筑地点：意大利，热那亚

卡洛·菲利斯剧院这座功能建筑在艺术史上享有无比的权威。宽大的体量，高大的希腊式门廊立柱，所有这一切都传达出其历史的悠久、高超的艺术成就。

罗西负责对原有歌剧院的整修工作，同时也是一个极富思想改造的过程。建筑设在城市繁忙的交通路线上，这就增加了为那些在行驶而过的汽车里通过围绕歌剧院以更加立体的方式欣赏建筑的机会。这是在运动中呈现热那亚的最好方式，建筑是流动的，城市也是流动的，就像舞台上场景的切换，一天中阳光的变化所产生的光影效果放射出令人向往的古典华彩。

室内，罗西为剧院根据更加现代的人性化要求进行了高科技设计，并增设了新的表演空间。阳光落下，透彻在整个采光井里，为底层的公共展廊带来光亮。休息厅和办公室上下重叠，并通过锥形的采光井连接。采光井继续向上爬升，达到屋脊线上后穿过剧院的屋顶，形成了纤细的玻璃尖塔。

草图

新理性主义——阿尔多·罗西

草图

　　另一面，文艺复兴时期的剧院传统被罗西以倒转的方式呈现出来，他将一座新式的塔楼立在了屋脊的后端，升起在舞台之上。帕拉迪奥和布莱希特的精神内核通过罗西的天才又返回到了这座热那亚的古建筑上。

建筑系列——后现代巨匠建筑

汉斯·霍莱因，1934年生于奥地利的维也纳，著名的后现代建筑大师，曾在维也纳联邦工艺学院（Bundesgewerbeschule）的土木工程系、维也纳艺术学院（Academy of Fine Arts）的建筑学院、美国芝加哥伊利诺理工学院（Illinois Institute of Technology）的建筑设计系学习，并在加州大学柏克莱分校获得建筑硕士学位。在他的作品中，现代工艺材料的选择、色彩运用与图案的组合，都是他突破传统框架的手段，而在手法上多采用象征、隐喻。他的作品功能与抽象并重，且力图创造一个纯净的理想空间。其主要作品有：马德里银行总部、奥地利使馆、维也纳孔勒加斯小学和现代美术馆等。

汉斯·霍莱因（Hans Hollein）

庭院

奥地利使馆

建筑设计：汉斯·霍莱因
建筑地点：德国，柏林

　　奥地利驻柏林使馆无论在建筑平面、体块构成还是内部空间的划分上都极其的不规则，各种几何线条肆意连接，就连建筑前端的墙壁角线也外伸成尖嘴状，一切都像是打乱了重新来过一般。屋顶的造型也多种多样，有弧形的、有露台内陷的、有露台外伸的、有平的还有顶上加顶的。墙面并不连贯，而是运用不同的墙壁转角使各个体块产生分离。窗孔的规划也别具一格，有单独的、有连拼的，在单独的窗孔之中又有分别，有的三个一并，有的两个一并，有的更是孤独的藏于一角。在连拼的窗孔中，有的构成一个整体平面，而有的窗框外突，整个效果就像一个栅栏一样。在墙面之上，各种窗户成为主角，游离于各种平面之上，摆放更无规则所言，有点像仓库，也有点像博物馆。

　　色彩也用来作为体块分离的手段，红、绿、蓝三色将楼体加以区分，色彩的分布依墙面的不规则表达出不同的区域划分，并令色

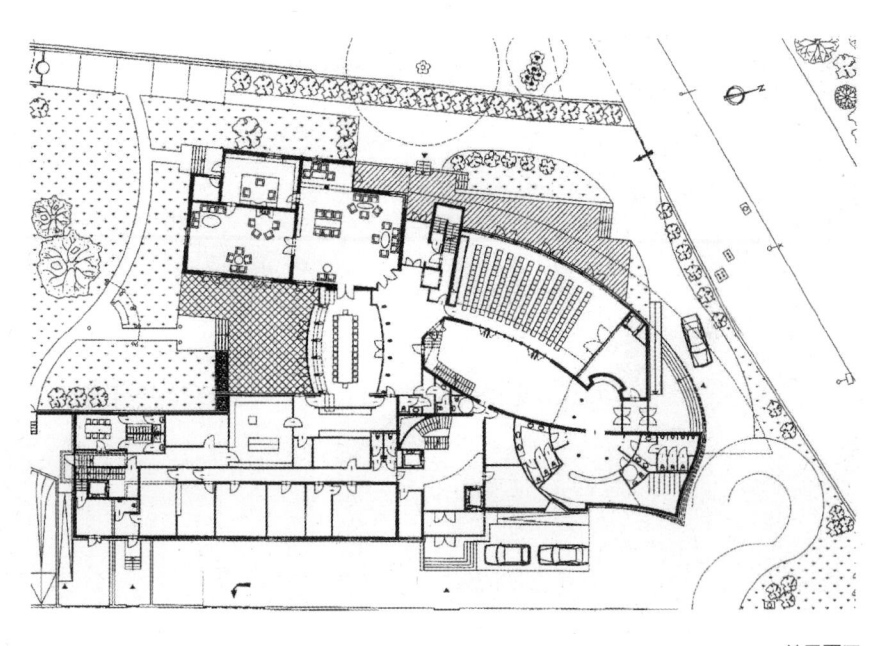

总平面图

建筑系列——后现代巨匠建筑

建筑草图

大使办公室

第七章 新理性主义

外观局部

域界线呈现出直线与转角。色彩的游离恰与窗户的分布一致，突出了两者间的对话。

建筑内部空间的形态也各有不同，有单层的整体空间设计，也有双层的整体空间设计；空间平面有方形的，有椭圆形的以及许多不规则形的。通过多样的装饰风格的运用，任何两个空间绝不雷同，过道转角的设计也独具匠心，加上考究的家具摆设，所有的空间都有了生命。空间角色的丰富，表达了奥地利国家文化的多姿多彩。

209

建筑系列——后现代巨匠建筑

第七章 新理性主义

外观局部

外观局部

211

建筑系列——后现代巨匠建筑

外观局部

第七章 新理性主义

餐厅

建筑系列——后现代巨匠建筑

现代艺术博物馆

建筑设计：汉斯·霍莱因
建筑地点：德国，法兰克福

粉红色的运用标新立异，霍莱因将人们的视线从城市沉闷的体肤下解脱出来，仅这一点，法兰克福的现代艺术博物馆就称得上是地标性建筑。此作品帮助汉斯·霍莱因获得了1983年国际竞赛头奖。

现代艺术博物馆，也称手工艺博物馆，又被人们称为可爱的"蛋糕切片"，因为建筑造型为三角形而得来。

丰富的绘画、摄影作品、工艺作品等藏于其中，有沃荷尔、里基腾施泰因等画家的名作，也有诸如著名的贝讷顿广告的工艺作品。在服务性空间里咖啡屋、小餐厅等也一应俱全。

面向市中心大教堂的建筑南端一角设有入口，暗示了新建筑与老城中心达成的交流体系。博物馆采用三边加中心的基本结构，采

立面图

第七章 新理性主义

建筑侧立面

光大厅被设置在了中心处。内部空间视觉冲击由各式楼梯、台级、平台、开口等一系列尺寸各异、高低不同的空间提供，带来了多角度、多画面、富于立体的观感体验。

建筑系列——后现代巨匠建筑

菲利浦·约翰逊，1906年生于美国，美国著名建筑师、建筑理论家，美国建筑界的"教父"。从哈佛大学建筑系毕业后，他在纽约现代艺术博物馆负责建设部的工作。到了1939年，他重又进入哈佛大学学习建筑，并于1943年取得硕士学位。1945年，他拥有了自己的事务所。二十世纪六十年代后，他的建筑观念发生了根本变化，其强调"建筑是艺术"、形式应遵循感性思考，他的这种新建筑设计概念被称为"新古典主义"。其代表作品有：谢尔顿艺术纪念馆、纽约州剧院、明尼阿波利斯IDS中心、休斯敦的潘索尔大厦、加利福尼亚州加登格罗芙的"水晶教堂"和美国电话电报公司大楼等。

菲利浦·约翰逊
（Phillip Johnson）

外观局部

第七章 新理性主义

康涅狄格州新迦南参观者的帐篷

建筑设计：菲利浦·约翰逊
建筑地点：美国，康涅狄格州

  帐篷有各式各样，其外形结构在我们的头脑里都粗略一致。但也有例外，就如在菲利浦·约翰逊的头脑里，帐篷成了一种硬性的建筑艺术。

  "建筑是艺术"，这是约翰逊在面对现代主义建筑设计时对建筑设计本质的把握，他取消了理性和功能的"合法地位"，并将思想的形式反映放到了首位。正是有了这样的见解，才有了康涅狄格州新迦南参观者的帐篷。整个帐篷由多个小帐篷组合而成，且每个小帐篷不同色彩、不同大小、造型各异。它们的线条都简洁明快、棱角分明。帐篷内部，墙面曲线的柔美及其所划分出来的墙面造型极具动感。对简约主义的发挥再加之对灯光的合理摆放，整个内部空间便产生出了幽深、精致的效果。

外观

建筑系列——后现代巨匠建筑

内景局部

第七章 新理性主义

内景局部

外景

建筑系列——后现代巨匠建筑

奥托·施泰德勒，德国著名建筑大师，也是欧洲十大建筑师之一。他的居住建筑被誉为"有生命力的建筑"。他擅长空间的系统设计，作品风格鲜明、独特。他的作品中同样保留了德国建筑简洁、务实的作风，并体现出自然风格。他的主要作品有：北京·印象住宅小区、G＋J出版公司总部（德国·汉堡）和德国乌尔姆大学校园等。

奥托·施泰德勒（Otto Steidle）

中庭内景

第七章 新理性主义

G+J出版公司总部

建筑设计：奥托·施泰德勒、乌韦·基斯勒
建筑地点：德国，汉堡

　　奥托·施泰德勒和乌韦·基斯勒共同设计了G＋J出版公司总部。建筑被设计成自给式建筑群落，好比一座功能设施完备的社区，而且交通设计也被纳入其中，充分表达了设计者系统化的设计理念。各种功能分区的设计和放置都极富创意，使得这一建筑有别于世界其他任何一处办公类建筑，给人一种城中城的体验、一种以人为本的关怀。

　　建筑给人的最大印象是内外表的骨架钢结构，包括建筑立面、屋顶、内部过道以及楼梯间。在这里建筑构线几乎全是直线；大量的采光玻璃给室内带来了无限的阳光，从而有效地节约了电能；此

外景局部

建筑系列——后现代巨匠建筑

中庭内景

第七章 新理性主义

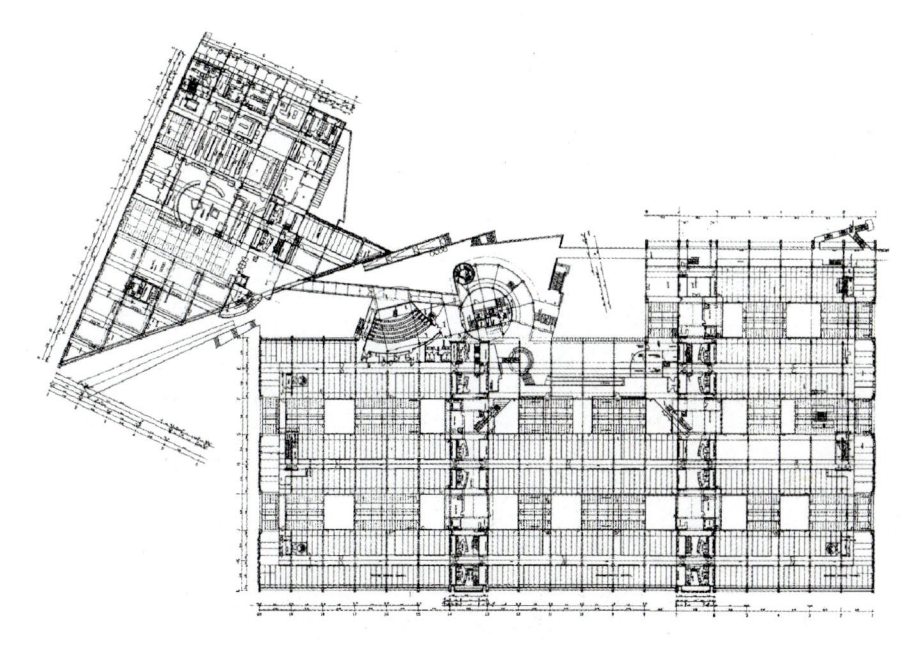

平面图

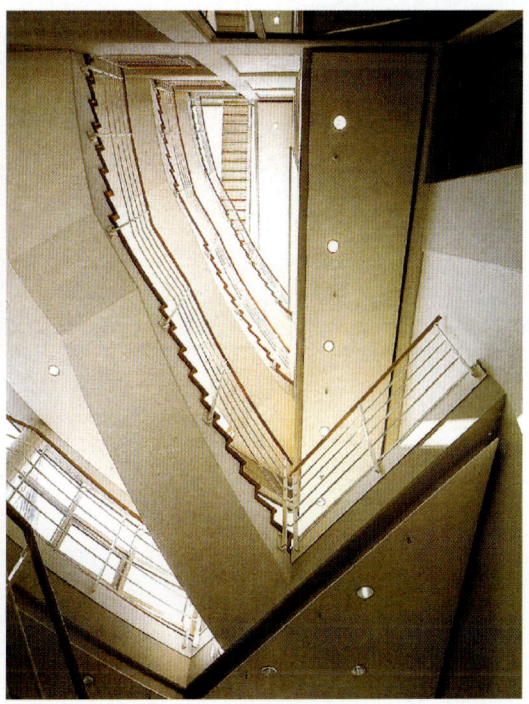

外观局部

建筑系列——后现代巨匠建筑

会议室

外众多的窗户也为通风提供了方便。整个建筑就像是一个大温室，建筑内部有多处庭院，庭院花草点缀，层叠有致。建筑群落大体规整，一切以功能的满足为设计核心，房间的划分也充分地利用了每一寸空间。建筑色调银灰，十分现代，在方正的空间摆放中，圆柱体成为了装饰。

第七章 新理性主义

乌尔姆大学

建筑设计：奥托·施泰德勒
建筑地点：德国，巴登符腾堡州

乌尔姆大学地处德国巴登符腾堡州科技研究中心，在乌尔姆市西郊城市绿化带内修建而成。这里的布局不再是传统规划组团方式，各种院落间于建筑群中，交通流线分布合理、清晰，并以一条400米的长廊作为组织交通的主要通道。系统性、可变性和可持续发展性都成其为建筑规划的特征。

建筑采用了大量的钢结构和木结构，除地下室和基础部分外，其余全部采用木结构建筑体系。整个建筑没有西方传统大学的风貌，在这里你看不到砖、石，没有高大的立柱，没有哥特式尖顶，身处其中少了传统的学术浪漫。直线、弧线是这里的生命线，简单的几何形体与周围的树木绽放的枝干形成对比。群落中有许多方正的建筑长体块，由此拓展出的视觉感特别远大。

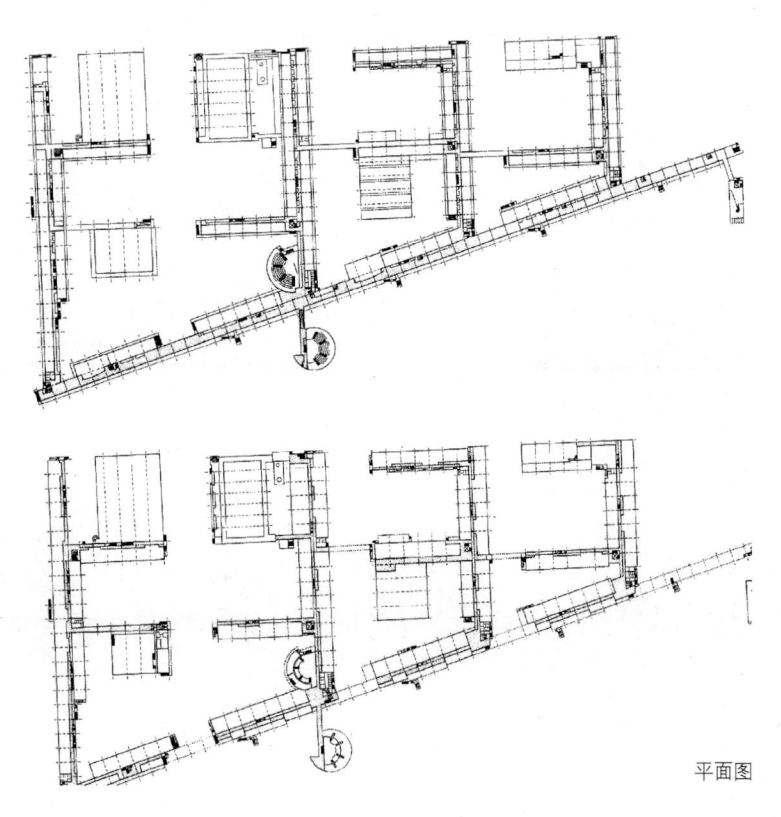

平面图

建筑系列——后现代巨匠建筑

外观局部

第七章 新理性主义

外景

建筑系列——后现代巨匠建筑

　　雷姆·库哈斯，1944年生于荷兰鹿特丹，1968—1972年在伦敦的建筑协会学院学习建筑。1975年，他师从德国现代主义大师翁格尔斯，学习将建筑理论与建筑实践相结合的方法，并在此基础上创立了自己的建筑设计体系。1975年，库哈斯的OMA事务所成立。他的建筑设计理念除新理性主义外也涉及现代主义、超现实主义和解构主义。创作的表现手法有蒙太奇式的幻想和嘲讽的表达等。他的主要作品包括：法国图书馆、荷兰驻德国大使馆、波尔多住宅、西雅图图书馆、纽约现代美术馆加建、中国中央电视台新楼和广州歌剧院等。

雷姆·库哈斯（Rem Koolhaas）

外景

第七章 新理性主义

荷兰政府大楼

建筑设计：雷姆·库哈斯
建筑地点：荷兰，海牙

　　位于海牙的荷兰政府大楼体现出都市建筑规划的新理念。将政府用建筑与都市的休闲环境相结合，摆脱了政府一贯的严肃、高高在上的管理者形象，并将轻松、活泼的气氛引入其中。建筑设计采用现代主义中的几何构线，直线与圆的主题一目了然，整个设计体现了船体甲板的景观。四个低矮的圆柱被斜着削去一截，使截面呈

内景

建筑系列——后现代巨匠建筑

草图

第七章 新理性主义

草图

现椭圆形，并以其后的长方体大楼作为背景。夜晚光影的设计体现出了超现实主义的色彩，圆柱的椭圆面发出五颜六色的灯光，各种光柱挥动其间，整个空间所体现出的就是一个大都会形象。

建筑内部依旧是直线对空间的划分，金属框架支撑着玻璃用来间隔房间的作法随处可见。大厅的设计如同机场高空间的开阔与现代，其内空间的一周是各个楼层的玻璃内墙，并在空中架起了多条空中走廊，视觉的上下落差丰富了空间块的相互衔接，体现出多层景观的趣味性。

建筑系列——后现代巨匠建筑

荷兰驻德国大使馆

建筑设计：雷姆·库哈斯
建筑地点：德国，柏林

一个"L"形直角、一个别致的六面体以及两者间的桥厅，简单几笔就勾勒出荷兰驻德国大使馆。建筑内外有着很强的空间拼贴感，竖线、横线与折线在窗框、转角与墙面的划分中处于十分突出的地位，大量玻璃与银灰色调的使用令大楼充满了十足的现代气息。墙面之上不时有各种内空间的外突，既出人意料又别具一格。建筑内部各个空间在视觉上相互融合，各个角度的建筑景致透过玻璃立面镶在了内墙上，画面的有机折射丰富了艺术空间感，加上灯光效果与室内剖面的奇妙结合，使这座建筑获得了欧盟当代建筑奖。

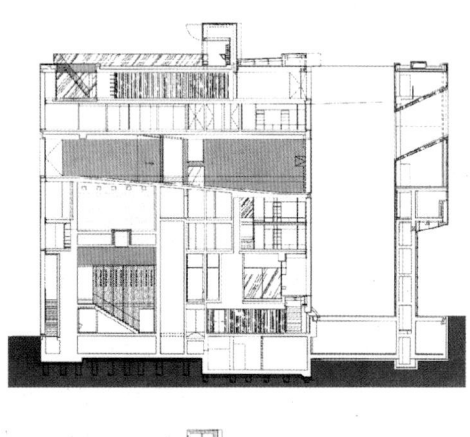

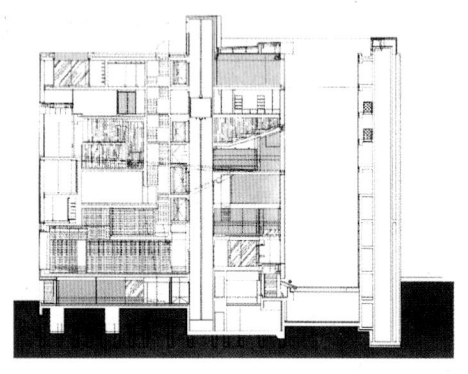

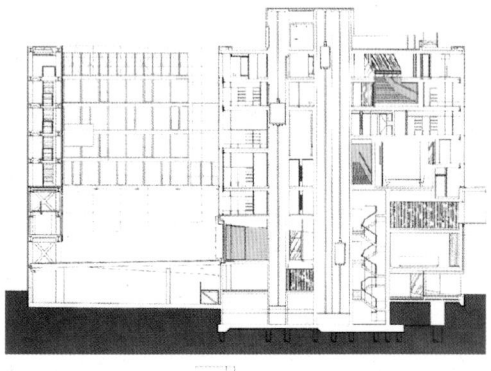

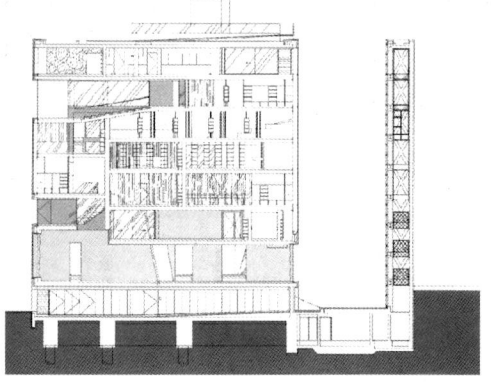

立面图

外景局部

建筑系列——后现代巨匠建筑

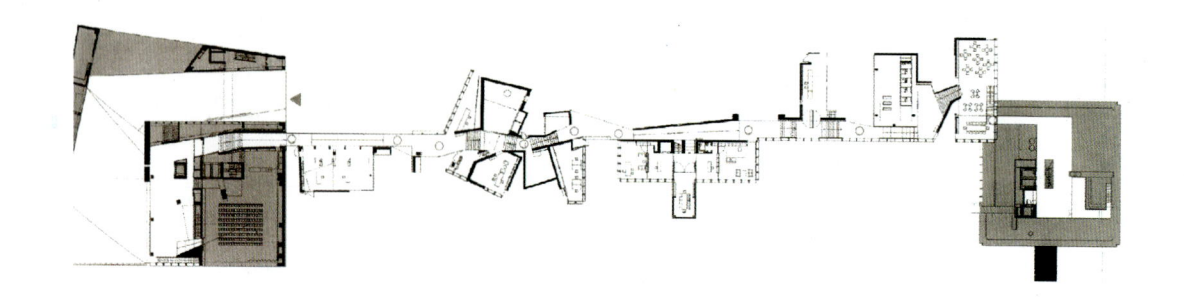

平面图

内景局部

第七章 新理性主义

外观局部

楼梯间

建筑系列——后现代巨匠建筑

威尔海姆·霍兹鲍耶,1930年生于奥地利塞尔茨堡,奥地利最著名的建筑设计师之一。霍兹鲍耶的创作每次都从手绘线条开始,他的作品充满着对历史中的连续性的不断思考。这样的设计理念已成为以"奥托格瓦纳学派"命名的概念。他的代表作有:澳大利亚悉尼歌剧院、巴黎巴士底歌剧院、卢塞恩音乐厅、日本东京国家戏院、奥地利银行大厦、马德里歌剧院、巴登节日剧院和沃拉尔堡州政府中心等。

威尔海姆·霍兹鲍耶
(Wilhelm Holtzbolyai)

远观

维也纳地铁

建筑设计：威尔海姆·霍兹鲍耶
建筑地点：奥地利，维也纳

　　始建于1896年的维也纳地铁是世界上最早建成的地下铁道交通设施之一。但两次世界大战所带来的影响，致使其发展到1978年时，政府也只建成了13.7公里的地铁线路。直到80年代，地铁线路才扩建到四条，共设67座车站，总长48.4公里。1995年，为了世界博览会的顺利召开，又增设了一条20公里长的轻型地铁。至此，维也纳共有编号为U1、U2、U3、U4、U6这五条地铁线路。其中，对原有有轨电车系统的改造，成就了后来的U6。

　　每个车站均设有醒目的"U"形标识，而且颜色各异：U1的为红色、U2的为紫色、U3的为橙色、U4的为绿色、U6的为棕色。

　　"空间中的空间"，这是建筑师霍兹鲍耶的设计主题。他将地面设施、站台、通道等有机地结合起来，视觉上能见到的所有界面

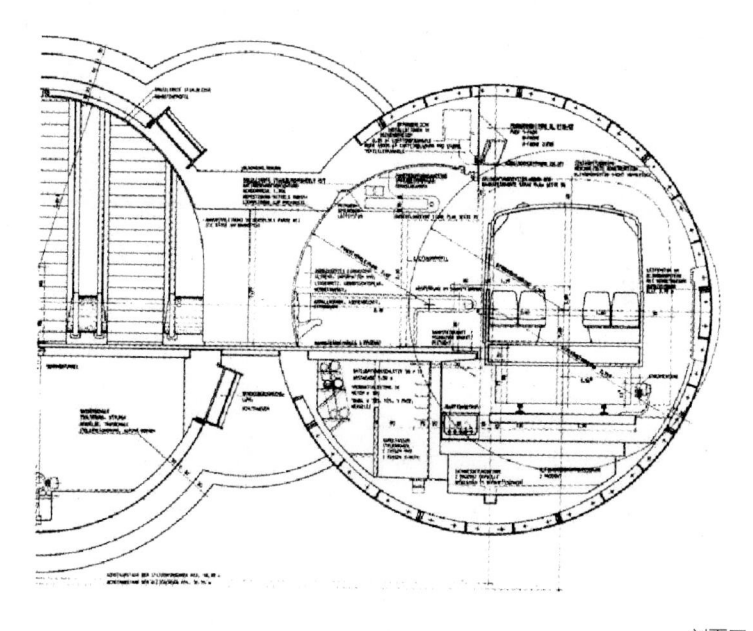

剖面图

建筑系列——后现代巨匠建筑

月台

均采用明亮的、带反射的、光滑的材料，每个细部都考虑周到。鉴于交通设施的相关规定，铁路通行部分未经处理，呈现黑暗的常态。因而，黑暗与色彩相互挑战，打破了地下月台空间的的单调沉闷。

不能不说，维也纳地铁系统是一首大师的变奏曲。

第七章 新理性主义

月台

主入口

建筑系列——后现代巨匠建筑

人行通道

车站高架桥

沃拉尔堡州政府中心

建筑设计：威尔海姆·霍兹鲍耶
建筑地点：奥地利，布勒根茨

作为一处综合景观建筑体，沃拉尔堡州政府中心分为布勒根茨市议会和沃拉尔堡州政府两幢建筑，建筑之间形成一个较大的广场，筑在台阶之上。建筑的正面平行于主要道路。前有喷泉，后有绿地，玻璃立面以梯状层递向上。议会居于主入口的左侧，中央的会议厅呈梯形，采用古朴的天然石材和青铜装饰立面，自然却不失流光溢彩。

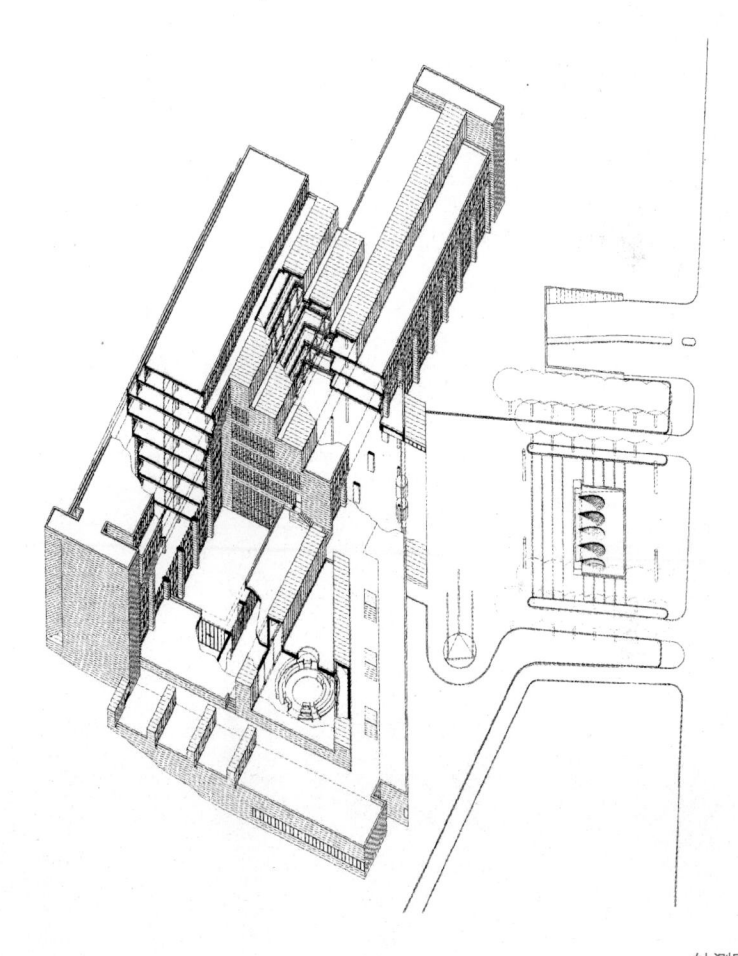

轴测图

建筑系列——后现代巨匠建筑

外观局部

第七章 新理性主义

外立面

建筑系列——后现代巨匠建筑

会议室

内观局部

第七章 新理性主义

走廊

建筑系列——后现代巨匠建筑

安藤忠雄，1941年生于日本大阪，日本最著名的建筑设计大师之一，也是世界一流的建筑大师，有"清水混凝土诗人"的美誉。然而他却从未接受过任何的正规教育，完全靠着勤奋自学而成为世界大师的。1969年他成立了安藤忠雄建筑研究所。1975年他的"住吉的长屋"获日本建筑学会年度大奖，1983年神户六甲集合住宅获日本文化设计奖。这位没有进过大学门槛的大师曾在哈佛大学、耶鲁大学、哥伦比亚大学任客座教授，1997年任日本东京大学教授。1995年，他得到了建筑界最高奖项普利兹克建筑奖。他的主要作品有：大阪府茨木市光之教堂、直岛美术馆、水之教堂、京都府立陶板名画庭园、大阪府立飞鸟历史博物馆和兵库县立美术馆等。

安藤忠雄（Tadao Ando）

滨水走廊局部

第七章 新理性主义

日本京都府立陶板名画庭园

建筑设计：安藤忠雄
建筑地点：日本，京都

　　1994年竣工的由安藤忠雄设计的日本京都府立陶板名画庭园，是世界上第一个回廊式绘画庭园。与传统庭院有所不同，它减少了平面构成，通过墙面的折叠回旋，建筑呈现了大量的几何曲线和造型。由于场景的出现没有固定的模板，在场景的转换中自然地流露出一种动态美。在地面以下的空间开拓中，更有相互错综的景致不断涌现。

　　1990年的大阪"国际花和绿的博览会"展出了色彩丰富的陶板画，展后经日本经企厅长官界屋太一建议，画作被转移到京都，为此便特意修建了这座日本京都府立陶板名画庭园。园中回廊叠错，

滨水走廊局部

建筑系列——后现代巨匠建筑

外观局部

地上一层、地下两层，另有7个水池、4处瀑布、3处庭园。该建筑集中反映了安藤忠雄设计思想中的动线趋向，在大胆模仿日本传统的枯山水庭院的同时，把陶板艺术与建筑有机结合了起来。

第七章 新理性主义

外观局部

大阪府立飞鸟历史博物馆

建筑设计：安藤忠雄
建筑地点：日本，大阪

　　大阪的这只飞鸟伏于地上，在空间概念上安藤忠雄将其颠倒。博物馆像一个兀然突起的坟墓，安藤将逐渐升高的台阶覆于馆顶，暗示我们已在人间之下。巨大的石方体从天而降，立于馆顶之上。石方体的四周有螺旋的石阶攀缘而上，并因此带来了一圈回转的线槽。石方体顶部为一正方形，没有任何装饰物，如阴冷的祭台。大量宽幅的石阶从下而上斜着盖满大部分屋顶，人之于石阶之上尤为孤独，且整个天际线都让那巨大的石方体给占据了。俯瞰整个建筑，各种线槽丰富了博物馆平面，线槽其实是通道，其内有石阶也有斜面，多数附于墙面，有一条最为显眼的斜着划过屋顶。建筑色调为混凝土本色，上面留有筑模的压痕，这使整个建筑与周围的树林相处得不那么和谐。大概这才是安藤忠雄所要表达的吧，毕竟这处博物馆与周边的古墓群已经融为一体。

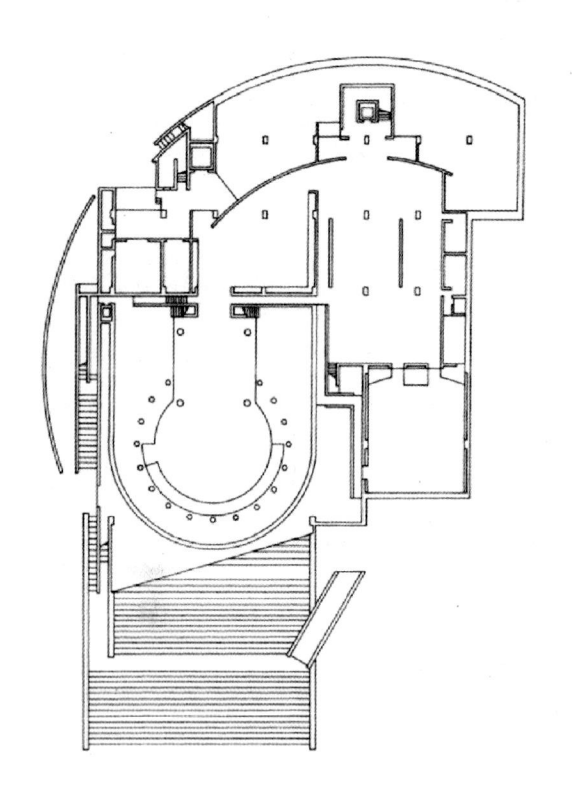

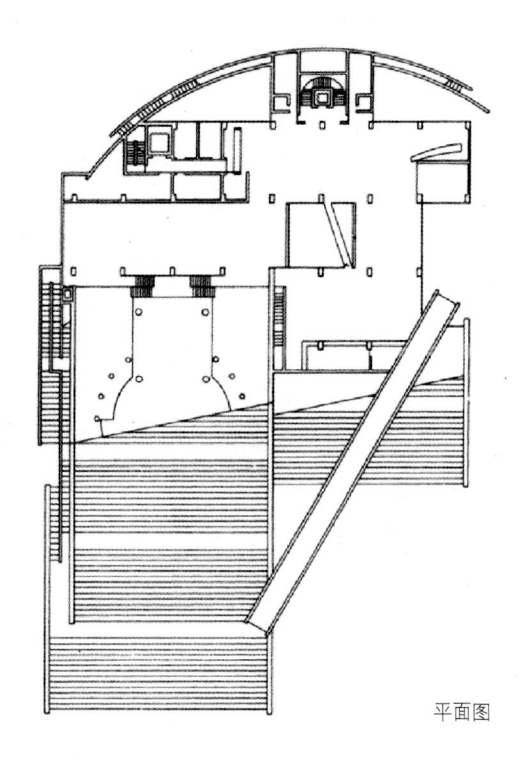

平面图

第七章 新理性主义

远景外观

建筑系列——后现代巨匠建筑

1992年塞维利亚世界博览会日本展馆

建筑设计：安藤忠雄
建筑地点：西班牙，塞维利亚

　　1992年塞维利亚世界博览会上的日本展馆，是世界上最大木构尺度的展馆建筑。展馆墙面用白色粉刷、大立方造型，简洁实用，采料自然，体现了日本传统美学的精髓。展馆用料：木材取自斯堪的纳维亚半岛，木构件技术采自德国和法国，构件连接用具和五金零件是用瑞典的，而制造技术和建筑指导则来自日本本土。

　　展馆为60米宽、40米进深、25米高的四层建筑；半透明的特氟隆屋面板用于屋顶采光；将护墙板覆盖在曲型黏合木构件上，作为外墙。参观者先踏上拱桥进入入口走廊，来到顶层，从这里走进一个宏大繁杂的空间结构。

计算机制作的构造体系

第七章 新理性主义

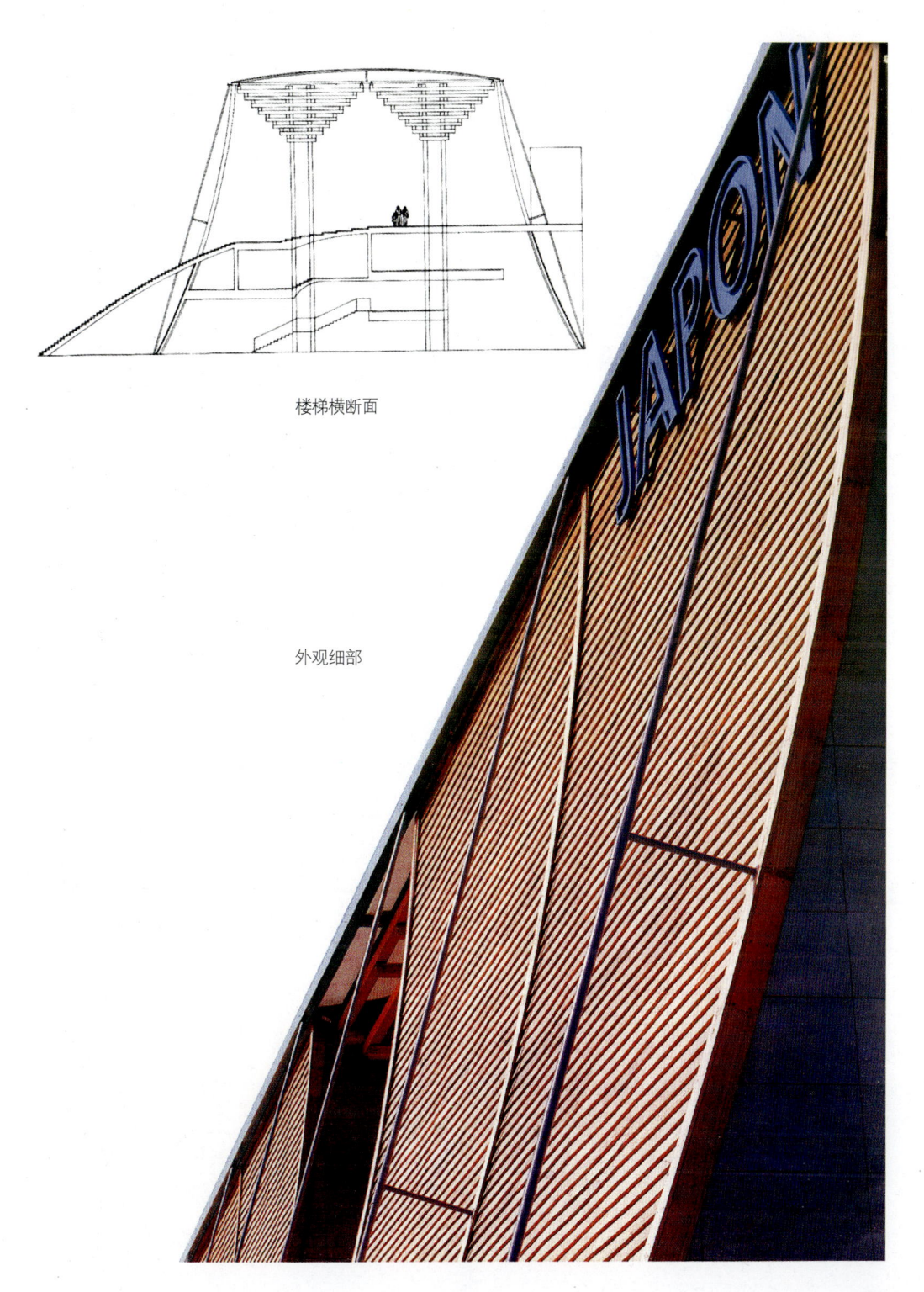

楼梯横断面

外观细部

253

观景台内景

第七章 新理性主义

外观局部

建筑系列——后现代巨匠建筑

外景